Oliver Santos

starkeSeiten
Berufsorientierung 3

von
Sonja Fey
Volker Knauber
Stephan Meinzer

Ernst Klett Verlag
Stuttgart · Leipzig

So lernst du mit starkeSeiten

Zusatzelemente
Auf den Seiten findest du verschiedene Kästen, die besonders wichtige Dinge hervorheben.

Kästen mit der Glühbirne geben dir wichtige Tipps, damit du die Aufgaben leichter lösen kannst.

PORTFOLIO

Neben den ganz normalen Seiten mit Texten und Aufgaben gibt es noch Seiten mit einem grünen Balken oben. Diese Seiten kannst du heraustrennen und in deinem Portfolioordner sammeln.

STARKMACHER

Starkmacherseiten erkennst du an dem roten Balken und findest sie immer am Kapitelende. Sie beinhalten Trainingsaufgaben, die sich an dem jeweiligen Kapitelthema orientieren. Auch diese Seiten kannst du heraustrennen und in deinem Portfolioordner sammeln.

Aufgaben
Auf vielen Seiten im Arbeitsheft findest du Symbole vor den Aufgaben.
Hier wird ihre Bedeutung erklärt.

Partneraufgaben

Gruppenaufgaben

Aufgaben für die gesamte Klasse

Medienkompetenz
Auf einigen Seiten im Arbeitsheft findest du links neben der Seitenüberschrift ein kleines MK-Symbol. Dies soll dich darauf aufmerksam machen, dass die nachfolgende(n) Seite(n) das Thema Medienkompetenz beinhalten.

MK kennzeichnet Seiten zum Thema Medienkompetenz

So arbeitest du mit diesem Arbeitsheft

Liebe Schülerin,
lieber Schüler,

schön, dass du mit dem Arbeitsheft **starke**Seiten Berufsorientierung 3 arbeitest.

Wenn du **bereits** mit dem Arbeitsheft **starke**Seiten Berufsorientierung 1 und/oder 2 gearbeitet hast:

Du hast bereits die Kapitel des ersten und/oder zweiten Bandes erfolgreich durchlaufen und bist schon eine richtig starke Expertin / ein richtig starker Experte und weißt, wie die Arbeit mit dem Ausfüllen der Selbst- und Fremdeinschätzung, den Kompetenzrastern und das Abheften in dein Portfolio funktioniert. Deinen Portfolioordner kannst du wie im Band 1 und/oder 2 weiterführen.
Du benötigst für Band 3 ein neues Inhaltsverzeichnis. Lade dir mithilfe des Online-Codes **w6a69n** ein leeres Inhaltsverzeichnis zum Selbstausfüllen herunter, drucke dieses aus und hefte es in deinen Portfolioordner hinter das Inhaltsverzeichnis von Band 3 ab.

Wenn du noch **nicht** mit dem Arbeitsheft **starke**Seiten Berufsorientierung 1 und/oder 2 gearbeitet hast:

Du wirst mithilfe der **starken**Seiten ein Portfolio erstellen, das dich in deiner Schulzeit begleiten wird.
Dieses Portfolio ist ein Ordner, in dem du alle wichtigen Unterlagen zu deiner Berufsorientierung einordnest und sammelst.

Die Arbeit an deinem Portfolio hilft dir,

- dich selbst kennenzulernen und einzuschätzen,
- dich in der Berufswelt zurechtzufinden und
- einen Beruf auszuwählen, der zu dir passt.

Du kannst es auch später einsetzen, wenn du Bewerbungen und einen Lebenslauf selbstständig erstellst.

Auf der nächsten Seite findest du eine Anleitung, wie du den Portfolioordner anlegst und mit dem Arbeitsheft arbeitest.

So arbeitest du mit diesem Arbeitsheft

Anleitung zur Herstellung deines Portfolioordners

Arbeite folgende Anleitung der Reihe nach durch und setze einen Check ✓.

1	Besorge dir einen A4-Ordner für die Arbeit mit deinem Portfolio. Ein Ordner mit breitem Rücken eignet sich hier besser, damit du viele Materialien darin einsortieren kannst.	○
2	Lade dir mithilfe des Online-Codes **w6a69n**, den du auf der Klett-Homepage eingeben kannst, folgende Materialien herunter und drucke diese aus: • leeres Inhaltsverzeichnis Band 3 • Vorlage: Etikett Portfolioordner • Vorlage: Deckblatt • Anleitung: „Zwischenblätter erstellen“ • Erklärung: „**starke**Seiten: Check ✓“ (2 Seiten) • Gesamtkompetenzraster 	○
3	Schneide dir nun aus der Vorlage „Etikett Portfolioordner“ für deinen Ordner das passende Etikett aus. Beschrifte das Feld dann mit deinem Namen und klebe das Etikett auf den Rücken deines Portfolioordners.	○
4	Schaue dir nun die Vorlage für das Deckblatt an. Das Deckblatt wird die erste Seite deines Portfolios. In den Kasten kannst du ein Foto von dir einkleben oder etwas zeichnen, das mit dir zu tun hat. Gestalte nun das Deckblatt und hefte dieses als erste Seite im Portfolioordner ab.	○
5	Lies dir die Anleitung „Zwischenblätter erstellen“ genau durch und erstelle die fünf Zwischenblätter nach den Arbeitsschritten.	○
6	Arbeite (evtl. auch gemeinsam in der Klasse) die zwei Seiten „Erklärung: **starke**Seiten: Check ✓“ gut durch. Du erhältst hier wichtige Informationen für die weitere Arbeit mit dem Arbeitsheft.	○
7	Hefte das Gesamtkompetenzraster im Portfolioordner hinter dem Zwischenblatt „**starke**Seiten: Check ✓“ ab.	○

Herzlichen Glückwunsch! Du bist jetzt startklar für deine starkenSeiten!

1

Unterlagen ordnen

Ich werde ...

- eine Ordnerstruktur auf dem PC anlegen.
- Dokumente einscannen und speichern.
- Bewerbungsunterlagen speichern und sortieren.
- fehlende Dokumente für die Bewerbung erfragen.

„Wir nehmen Bewerbungen nur noch online entgegen, nicht mehr per Post oder E-Mail."

1 Welche Ordnungssysteme stehen dem Jungen auf dem Foto zur Verfügung?

2 Geht es dir manchmal auch so wie dem Jungen?

3 Wie schaffst du es, Ordnung in deine Unterlagen zu bringen?

4 Wie passen die beiden Bilder auf dieser Seite zusammen?

MK

Bewerbungsunterlagen digitalisieren und ordnen

Vielleicht musstest du auch schon einmal Fotos oder Dokumente mit dem Handy abfotografieren, um diese über einen Messenger-Dienst zu verschicken. Beim Versenden einer Bewerbung per E-Mail oder beim Hochladen ins Internet kann es dir passieren, dass du ausgedruckte Praktikumsbescheinigungen oder Zertifikate digitalisieren musst. Warum solltest du diese nicht einfach mit dem Smartphone abfotografieren?

Unterlagen, die z. B. in Papierform vor dir liegen, werden über eine Kamera in ein Dokument auf dem Computer umgewandelt. Dies ist ein Beispiel für Digitalisieren.

Ein Foto ist für die Darstellung wichtiger Unterlagen ungeeignet. Damit auch hier deine Bewerbung einen guten Eindruck hinterlässt, unterstützen dich professionelle Apps oder Geräte wie Scanner.

App oder Scanner? Mit dem Smartphone digitalisieren
Für das Smartphone gibt es eine Vielzahl von Apps, um mithilfe der eingebauten Kamera Dokumente zu fotografieren und diese dann z. B. weiter zu versenden oder dauerhaft zu speichern.

Die richtige App auswählen
Eine Auswahl verschiedener Apps findest du im App Store deines mobilen Endgerätes. Als Suchbegriff eignet sich z. B.:

Dokument scannen

Oftmals wird dir hier als Ergebnis schon eine Übersicht darüber gegeben, welche Aufgaben die App für dich erledigen soll. Grundlegend unterscheiden sich die Apps oft in zwei Funktionalitäten:

- PDF-Dokumenten-Scanner speichern deine fotografierten Dokumente im sogenannten PDF-Format ab. **PDF** ist die Abkürzung für **P**ortable **D**ocument **F**ormat und heißt übersetzt „transportables Dokumentenformat". Die meisten Dokumente werden weltweit in diesem Format abgespeichert und im Internet verschickt.
- OCR-Dokumenten-Scanner speichern die fotografierten Dokumente so ab, dass diese später weiter bearbeitet und durchsucht werden können. So kann man in den Dokumenten z. B. Texte kopieren und weiter bearbeiten. **OCR** ist die Abkürzung für **O**ptical **C**haracter **R**ecognition und bedeutet so viel wie „optische Zeichenerkennung".

Für das Einscannen und Abspeichern, z. B. deiner Zertifikate, reicht eine App, die PDF-Dokumente erzeugen kann, vollkommen aus. Eine OCR-App bietet zwar mehr Funktionen, kostet aber oftmals auch deutlich mehr Geld.

Viele Apps sind kostenlos. Andere Apps hingegen lassen sich kostenlos testen, schalten aber wichtige Funktionen erst frei, wenn man die App dann kauft. Hier musst du also genau aufpassen!

Nicht immer ist die kostenlose App von ihrer Handhabung und Bedienung die beste Wahl.

Scanner-App-Challenge

Welche App bietet dir den besten Nutzen beim Fotografieren, Bearbeiten und Speichern von Dokumenten? Bei der Beantwortung dieser Frage kann eine gemeinsame Bewertung helfen, die ihr zusammen in der Klasse durchführt. Folgende Fragen solltet ihr hierbei berücksichtigen:

- Wie heißt die App?
- Auf welchem Betriebssystem läuft die App?
- Welche Informationen könnt ihr über die App im Store finden?
- Wie wird die App von Nutzern bewertet? Gibt es im Internet über die App weitere Bewertungen?
- Was kostet die App oder ist diese kostenlos?

Jedes Smartphone hat ein Betriebssystem. Je nach Hersteller deines Smartphones können sich diese unterscheiden. Die Apps funktionieren immer nur auf einem System und lassen sich auf ein anderes nicht übertragen.

1 Für den Test benötigt ihr ein Smartphone. Führt den Test in Partnerarbeit durch. Sucht auf einem Smartphone im App Store gemeinsam zwei verschiedene Apps zum Scannen von Dokumenten aus.

2 Überprüft die Apps anhand der oben stehenden Fragen und tragt eure Ergebnisse in die Tabelle ein.

Name der App 1:	**Betriebs-system:**	**Infos zur App:**	**Bewertungen: Was fiel uns auf?**
Kosten App 1:			
Name der App 2:	**Betriebs-system:**	**Infos zur App:**	**Bewertungen: Was fiel uns auf?**
Kosten App 2:			

3 Besprecht im Plenum die Ergebnisse eurer Bewertungen. Für welche App würdet ihr eine Empfehlung aussprechen? Versucht, für zwei verschiedene Betriebssysteme eine Empfehlung zu geben, und schreibt diese hier auf.

Unsere Empfehlungen für die Dokumenten-Scanner-App lauten:

Name der App 1:	**Betriebssystem:**	**Was hat uns an der App besonders gefallen?**
Kosten:		

Name der App 2:	**Betriebssystem:**	**Was hat uns an der App besonders gefallen?**
Kosten:		

Scannen mit App: Best Practice
Damit das Scannen mit einer Smartphone-App funktioniert, solltest du folgende Tipps beachten:

- Am besten funktioniert das Scannen bei Tageslicht im Freien. Falls kein Tageslicht vorhanden ist, sorge für eine gute Ausleuchtung mit einer Lampe.
- Scanne nach Möglichkeit ohne Blitz. Dieser erzeugt auf dem Dokument oft unschöne helle Flecken.
- Achte beim Einscannen auf einen gleichmäßigen Abstand zum Dokument. Dazu legst du es am besten auf eine ebene Fläche.

- Halte das Dokument während des Einscannens nicht mit den Händen fest. Deine Finger sind sonst auf dem Bild zu sehen.
- Kontrolliere dein Ergebnis in der App: Ist alles gut lesbar? Ist der Text gerade auf dem Blatt abgebildet? Wiederhole ansonsten den Scan!

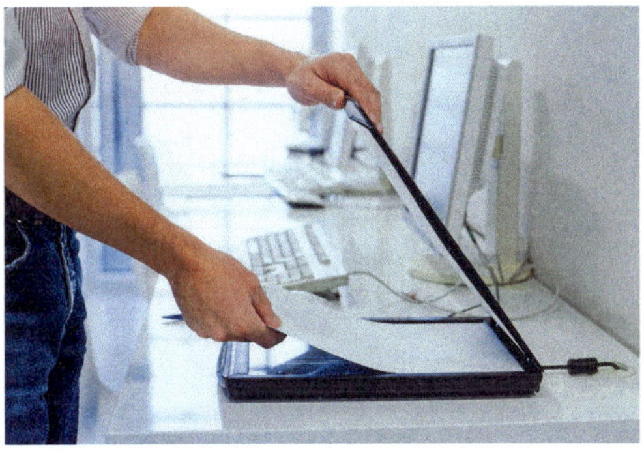

Scannen mit Flachbettscannern
Eine in Qualität und Handhabung bessere Methode bieten Flachbettscanner oder Multifunktionsdrucker, die bereits einen Flachbettscanner integriert haben. Das Dokument wird einfach auf eine Glasscheibe auf der Geräteoberseite gelegt. Nachdem eine Klappe zum Abdecken des Dokumentes geschlossen wurde, kann über eine Software oder direkt am Gerät der Scanvorgang gestartet werden. Viele Einstellungen, die man bei der Arbeit mit einer App beachten muss, entfallen hier.
Allerdings sind Flachbettscanner in ihrer Anschaffung im Vergleich zu einer App teuer und man muss sich fragen, ob sich der Kauf für das Einscannen von wenigen Dokumenten lohnt. Eine Alternative bieten Copyshops, die es in vielen Städten gibt. Diese bieten professionelles Einscannen von Dokumenten zu kleinen Preisen an.

Daten überall und nirgends
Mit unseren digitalen Endgeräten erzeugen wir gewollt oder ungewollt jeden Tag unzählige Daten. Diese bleiben teilweise auf unseren Geräten gespeichert oder wandern über das Internet auf Cloud-Speicher. Aber wo speicherst du deine Fotos, Adressen, Termine oder eingescannten Dokumente auf deinem Smartphone oder anderen Geräten ab?

1 Überlege dir, welche Vorteile es für dich hat, wenn du deine Daten wie Fotos, Adressen, Termine oder eingescannte Dokumente auf deinem Smartphone abspeicherst.

Die Vorteile sind ...

____

____

Welche Nachteile könnte die Speicherung von deinen Daten auf nur einem Endgerät haben? Denke daran, dass ein Gerät auch verloren gehen kann.

Die Nachteile sind ...

____

____

____

2 Tauscht euch über Vor- und Nachteile der Speicherung eurer Daten auf einem Endgerät aus.

Bei einem Cloud-Speicher werden die Daten nicht auf dem eigenen Gerät, sondern in einer „Cloud" (englisch: Wolke) gespeichert. Dies ist ein Speicher, der über Funk oder Internetleitung überall für dich zugänglich ist. Die Daten werden auf den Cloud-Computern automatisch gespeichert und gesichert.

MK Die Cloud als Massenspeicher

Seit den 1990er-Jahren konnten über das Internet Daten auf speziellen Computern, Server genannt, über weite Strecken gespeichert werden. Hier entstand ein riesiges Angebot für Kunden, um ihre Daten zu speichern und zu verwalten. Firmen mussten sich damit nicht mehr selbst um diese Aufgabe kümmern.
Was anfangs sehr teuer und nur für große Firmen interessant war, wurde in den letzten Jahren immer günstiger, da die Kosten für den Speicherplatz immer weiter sanken. Schnelle Datenverbindungen ermöglichen ein schnelles Speichern und Zugreifen auf die Daten. Das macht diese Technik für viele Nutzerinnen und Nutzer interessant.

Meine Daten in der Cloud
Viele IT-Dienstleister bieten gegen Gebühr Speicherplatz auf ihren Servern an. Die gespeicherten Dateien sind **immer online zugänglich**, das heißt, man kann von überall und mit verschiedenen Endgeräten auf sie zugreifen. Für Privatanwender bieten viele Dienstleister einen begrenzten Speicherplatz umsonst an. Damit möchten sie ihr Produkt bewerben. Du erhältst dabei den Vorteil, dass du deine Daten umsonst in einem Cloud-Speicher ablegen und sichern kannst.

Welche Angebote gibt es für mich?
In den folgenden Aufgaben sollt ihr in eurer Klasse verschiedene Cloud-Speicher, die kostenlosen Speicherplatz zur Verfügung stellen, untersuchen und vergleichen.

1 Sucht über eine Suchmaschine nach drei kostenlosen Angeboten für Cloud-Speicher. Diese findet ihr oftmals in Verbindung zu E-Mail-Anbietern.
Tragt eure Ergebnisse in die Tabelle auf der nächsten Seite ein.

2 Welche weiteren Informationen könnt ihr über die drei Angebote finden? Wie bewerten andere Benutzer diese Cloud-Angebote? Wie viel Speicherplatz steht dir hier jeweils zur Verfügung? Gibt es eine App für dein Handy, mit der du deine Daten in der Cloud speichern und verwalten kannst?
Tragt diese Ergebnisse ebenfalls in die Tabelle auf der nächsten Seite ein.

Name der Cloud:	Größe des kostenlosen Speichers:	Bewertung durch andere Benutzer:	App für mein Handy vorhanden?
1.			
2.			
3.			

3 Besprecht im Plenum die Ergebnisse eurer Vergleiche. Für welche der verschiedenen Cloud-Anbieter würdet ihr eine Empfehlung aussprechen? Einigt euch hier auf zwei Anbieter.

Unsere Empfehlungen für ein Cloud-Angebot lauten:

Name der Cloud:	Anbieter:	Was hat uns an der Cloud besonders gefallen?
1.		
2.		

MK

Was muss ich beachten?

Die Familienfreigabe
Um selbstständig einen Cloud-Speicher einzurichten oder Apps zu installieren, musst du mindestens 18 Jahre alt sein. Mit der Einwilligung eines Erziehungsberechtigten ist dies je nach Plattform auch schon zwischen 13 und 16 Jahren möglich. Einige Anbieter haben daher eine Familienfreigabe eingerichtet, mit der Eltern einzelne Dienste für ihre Kinder einrichten können. Somit kannst du diese Apps oder auch Speicher für deine Arbeit nutzen. Bitte daher deine Erziehungsberechtigten, zusammen mit dir die Nutzungsbedingungen der Anbieter durchzulesen und gemeinsam mit dir, falls du die Voraussetzungen erfüllst, die Cloud oder die App auf deinem Gerät zu installieren.

Die Sache mit der Datensicherheit
Deine Daten gehören nur dir. Dieses Recht gilt allerdings nicht in jedem Land. Daher solltest du bei der Auswahl eines Cloud-Speichers darauf achten, dass der Betreiber die EU-Datenschutz-Grundverordnung einhält. Wenn in den allgemeinen Geschäftsbedingungen (AGBs) keine Einträge zu finden sind, solltest du dir überlegen, ob du den Cloud-Dienst trotzdem nutzen möchtest.

Was sagt die europäische Datenschutz-Grundverordnung?
Mit dieser Verordnung müssen Unternehmen in Europa die Daten ihrer Kunden gesondert speichern und sollen so für mehr Privatsphäre sorgen.
Die Daten dürfen z. B. nicht ohne Einverständnis des Besitzers an Dritte weitergegeben werden.
Für Werbezwecke muss der Nutzer ebenfalls seine Einwilligung geben.
Weitere Inhalte kannst du im Internet nachlesen.

Wechseldatenträger: Alternativen zur Datencloud
Neben einer Datencloud kannst du deine Daten und Dokumente auch auf jedem Datenträger speichern und auf andere Endgeräte übertragen. Besonders geeignet sind Wechseldatenträger, die sich in viele Smartphones einbauen lassen, wie z. B. Micro-SD-Karten. Wenn du deine Daten auf einen PC oder Laptop übertragen kannst, sind auch USB-Sticks geeignet.

Die Wechseldatenträger kannst du auch aus deinem Smartphone nehmen und z. B. die darauf befindlichen Daten auf einen PC übertragen. Außerdem kannst du auf diesem deine Daten sichern, falls dein Smartphone verloren gehen sollte.

MK

Sinnvoll ordnen mit Ordnern

Egal, ob du deine Daten auf dem PC, in einer Cloud oder auf einem Wechseldatenträger abspeicherst – du musst den Überblick behalten. Deshalb ist es wichtig, die Daten in übersichtlichen Ordnern einzusortieren, um sie wiederfinden zu können.

Für das Abspeichern deiner Dokumente benötigst du eine sinnvolle Ordnerstruktur. Zur Vorbereitung auf die Kapitel 5 „Verantwortung tragen“ und 6 „Betriebe finden“ legst du hier ein Ordnungssystem an, in dem du später deine Bewerbungsunterlagen abspeichern wirst.

Die Ordnerstruktur soll folgendermaßen aussehen:

- Bewerbungsunterlagen
  - Meine Bewerbungen
  - Dokumente zu den Bewerbungen
    - Zeugnisse
    - Zertifikate
    - Bewerbungsfotos

Das Anlegen der Ordner unterscheidet sich zwischen den verschiedenen Systemen wie PC oder Cloud nur minimal. Oftmals kannst du einfach Ordner anlegen, indem du mit der rechten Maustaste auf ein Ordnersymbol klickst und „Ordner anlegen“ auswählst.

1 Lege die oben gezeigte Ordnerstruktur auf einem Datenträger an, den du in der Schule gut nutzen kannst. Verwende z. B. einen Wechseldatenträger oder deinen Account auf deinem Schul-PC.

Eine Anleitung zum Anlegen eines Ordners findest du auf der Klettseite unter www.klett.de mit dem Online-Code: w6a69n

2 Vergleiche mit einer Partnerin bzw. einem Partner: Sind alle Ordner richtig angelegt?

3

a) Welche ausgedruckten Dokumente über dich wie Zeugnisse oder andere Zertifikate besitzt du? Sammle alle Unterlagen, die du in deine Bewerbungen einfügen könntest, und hefte diese zunächst in deinem Portfolioordner hinter dem Trennblatt „Zertifikate“ ab.

b) Scanne nun mit einem Medium, das du gut nutzen kannst, deine Dokumente aus Aufgabe 3a ein und speichere diese unter einem passenden Namen in den passenden Ordnern ab. Ein passender Namen kann beispielsweise sein: Zertifikat Rotes Kreuz Frank Mustermann.

MK Ich finde meine Zertifikate nicht mehr – was kann ich tun?

Stell dir vor: Du hast ein Praktikum gemacht und findest nun das Zertifikat, das dir die Firma ausgestellt hatte, nicht mehr wieder.

Für deine nächsten Bewerbungen wäre es aber wichtig, wenn du genau dieses Zertifikat beilegen könntest.

1 Formuliere ein Anschreiben für eine E-Mail, in der du um die Ausstellung eines neuen Zertifikates bittest. Folgende Punkte sollten in der E-Mail enthalten sein:

- Anrede
- Grund für Anfrage: Bitte um Neuausstellung eines Zertifikates
- Zeitraum des Praktikums
- In welcher Abteilung / welchem Berufsbild wurde das Praktikum absolviert?
- Wer war die Betreuerin bzw. der Betreuer?
- Bitte um die Ausstellung eines neuen Zertifikats
- Dank für die Unterstützung
- Grußformel und Einfügen des eigenen Namens

An:
CC:
Betreff:

2 Stell dein Ergebnis deiner Klasse vor.

starkeSeiten: Check ✓

Kapitel 1: Unterlagen ordnen

Kreuze in jedem Feld die entsprechende Anzahl der Smileys an.

Das ist mir/ihr/ihm sehr gut gelungen.	☺☺☺☺☺
Das ist mir/ihr/ihm gut gelungen.	☺☺☺☺
Das habe/hat ich/sie/er hinbekommen.	☺☺☺
Das hat mir/ihr/ihm Schwierigkeiten bereitet.	☺☺
Das ist mir/ihr/ihm nicht gelungen.	☺

Merke
- **Wenn du mindestens drei Smileys erreichst, kannst du dir im Kompetenzfeld einen Haken geben.** ✓

Schätze dich ehrlich ein. Kreuze an.

	Selbsteinschätzung:	Fremdeinschätzung:	Kompetenzfeld:
Ich kann Ordner auf einem Computer anlegen.	☺☺☺☺☺	☺☺☺☺☺	○ 3A
Ich kann Dateien abspeichern.	☺☺☺☺☺	☺☺☺☺☺	○ 3A
Ich kann schriftliche Unterlagen digitalisieren, ordnen, sortieren, sie sorgfältig sammeln und in einem Speichermedium aufbewahren.	☺☺☺☺☺	☺☺☺☺☺	○ 3A
Ich kann mithilfe des Internets Informationen zu einem vorgegebenen Thema recherchieren.	☺☺☺☺☺	☺☺☺☺☺	○ 1C
Wenn du diese Seite ordentlich ausgefüllt und in deinen Portfolioordner eingeheftet hast, bekommst du zusätzlich einen Punkt.			○ 3A

Denke daran: Übertrage deine Checks in dein Gesamtkompetenzraster im Portfolio!

Hefte diese Seite in dein Portfoliokapitel „starkeSeiten: Check ✓" hinter die beiden Seiten „Erklärung: starkeSeiten: Check ✓" ab. Trage die Seite in das Inhaltsverzeichnis ein: Kapitel 1: Unterlagen ordnen

MK

Dein Trainingsplan

Kapitel 1: Unterlagen ordnen

In diesem Kapitel hast du gelernt, wie man Bescheinigungen und Zertifikate für die eigenen Bewerbungen digitalisieren kann.
Doch über welche Bescheinigungen oder Zertifikate verfügst du eigentlich bisher? Vermutlich über solche, die du in deinen bisherigen Praktika ausgestellt bekommen hast. Aber übst du vielleicht noch weitere Tätigkeiten aus, die du dir für eine Bewerbung bescheinigen lassen könntest?

Trainingsaufgabe: Bescheinigung ehrenamtlicher Arbeit

1 Du bist beim Roten Kreuz, in der Jugendfeuerwehr, in einem Verein oder in einer Glaubensgemeinschaft ehrenamtlich aktiv? Du arbeitest in der Schule als Streitschlichter oder hilfst anderen regelmäßig in deiner Freizeit?
Dann kannst und solltest du dir diese Tätigkeiten bescheinigen lassen. Für Vereine und Institutionen wie z. B. anerkannte Glaubensgemeinschaften gibt es Vordrucke, mit denen sie dir dein Ehrenamt bescheinigen können. Für weitere Nachweise kannst du den Vordruck auf der Rückseite dieser Seite nutzen. Diesen kannst du kopieren und dann mehrfach einsetzen.

Welche Tätigkeit könnte ich mir bescheinigen lassen?	Wo habe ich die Tätigkeit ausgeführt?	Wer kann mir die Tätigkeit bescheinigen?

2 Sprich diejenige Person an, die dir deine Tätigkeit bescheinigen könnte, und bitte sie, dir ein Zertifikat oder eine Bescheinigung darüber auszustellen. Falls die Person dafür über keinen Vordruck verfügt, kannst du die Vorlage auf der Rückseite verwenden.

Hefte diese Seite in dein Portfoliokapitel „Starkmacherseiten" ab. Trage sie zudem in das Inhaltsverzeichnis ein: Starkmacherseite Kapitel 1

Bescheinigung

Herr/Frau

____ (Vorname, Name)

geboren am ____________________

wohnhaft in ________________________________ (Straße, Hausnummer)

____ (PLZ, Ort)

hat folgende ehrenamtliche Tätigkeiten erbracht:

____

____

____

____

Die Tätigkeiten wurden über folgenden Zeitraum

vom ____________ bis ____________

○ täglich

○ wöchentlich

○ monatlich

regelmäßig ausgeführt.

Name der Institution, des Vereins oder der Privatperson:

____

Anschrift:

____ (Straße, Hausnummer)

____ (PLZ, Ort)

________________________ ________________________

Ort, Datum Unterschrift Aussteller

(Stempel Institution)

2

Stärken entdecken

Ich werde ...

- Schlüsselqualifikationen kennenlernen und diese drei Bereichen zuordnen.
- meine Stärken mit den Anforderungen meines Wunschberufes abgleichen.
- Belege für meine Stärken sammeln.
- mithilfe von Internetseiten meine Berufswahl vertiefen.

1 Überlegt, wieso Unternehmen bei Bewerberinnen und Bewerbern besonders auf Stärken achten.

2 Wie können Unternehmen erkennen, welche Stärken die Bewerberin bzw. der Bewerber hat?

3 In welcher Form könntet ihr eure Stärken beim Besuch einer Ausbildungsmesse präsentieren?

„Bei Bewerberinnen und Bewerbern achten wir nicht nur auf Noten. Uns ist der Mensch hinter der Bewerbung wichtig: Welche Stärken bringt sie bzw. er mit und wo zeigt sie bzw. er diese Stärken?"

Was erwarten Arbeitgeberinnen bzw. Arbeitgeber?

Frau Kippenhan, Ausbildungsleiterin eines Pharmaunternehmens, sucht für den Beruf der Produktionstechnologin bzw. des Produktionstechnologen passende Bewerberinnen und Bewerber.

- handwerkliches Geschick
- Informatikkenntnisse
- Merkfähigkeit
- räumliches Vorstellungsvermögen
- Sorgfalt

Herr Spiess, Leiter einer Pflegestation im Krankenhaus, sucht für den Beruf der Pflegefachfrau bzw. des Pflegefachmanns geeignete Auszubildende.

- gute Beobachtungsgabe
- Belastbarkeit
- Einfühlungsvermögen
- Teamfähigkeit
- Verantwortungsbewusstsein
- Konfliktfähigkeit

Frau Bach, Abteilungsleiterin einer gewerblichen Berufsfachschule, sucht für den schulischen Ausbildungsberuf der/des Grafikdesigners/in fähige Auszubildende.

- Vorstellungsvermögen
- ausgeprägter Form- und Farbensinn
- handwerkliches Geschick
- exakte Arbeitsweise
- Präsentationsfähigkeit

Die drei Ausbilderinnen und Ausbilder haben an einer Berufsmesse teilgenommen und mit Schülerinnen und Schülern gesprochen, die sich zu Ausbildungsangeboten informiert haben. Die Ausbilderinnen und Ausbilder wissen ganz genau, welche Schlüsselkompetenzen sie von ihren zukünftigen Auszubildenden erwarten.

1 In der folgenden Tabelle siehst du die Unterteilung der Schlüsselkompetenzen in drei Bereiche. Zu jedem Bereich findest du bereits ein eingetragenes Beispiel aus den Aussagen der Ausbilderinnen und Ausbilder. Ordne alle weiteren Schlüsselkompetenzen in die passenden Spalten.

Beschäftigte sollten Fach- und Schlüsselkompetenzen mitbringen. Diese auch als „Schlüsselqualifikationen" bezeichneten Fähigkeiten kann man in drei Bereiche einteilen: Sach- und Methodenkompetenz, Sozialkompetenz, Ich-Kompetenz (Selbstkompetenz). Jeder Mensch hat unterschiedlich stark ausgeprägte Kompetenzen, die trainierbar sind.

Sach- und Methodenkompetenz	Sozialkompetenz	Ich-Kompetenz
handwerkliches Geschick	*Einfühlungsvermögen*	*Sorgfalt*
Informatikkenntnisse, Merkfähigkeit, räumliches Vorstellungsvermögen, Sorgfalt	Belastbarkeit; Vorstellungsvermögen, exakte Arbeitsweise, räumliche Vorstellungsvermögen. gute Beobachtungsgabe.	Teamfähigkeit, Verantwortungsbewusstsein, handwerklicher Geschick, Präsentationsfähigkeit.

Ohne Schlüsselqualifikationen geht nichts

Für die Aufgaben und Probleme, die wir jeden Tag in unserem Alltag lösen und bewältigen müssen, haben wir alle vielerlei Schlüsselqualifikationen entwickelt und setzen diese erfolgreich ein. Denn ohne Schlüsselqualifikationen geht nichts. Da diese Fähigkeiten für uns selbstverständlich sind, nehmen wir sie unter dem Begriff der Schlüsselqualifikationen gar nicht wahr. Oftmals ist es so, dass wir über tolle Fähigkeiten verfügen und uns diese einfach nicht bewusst sind, da wir von unseren Mitmenschen darüber bisher noch keine Rückmeldung erhalten haben.

Was sind meine Schlüsselqualifikationen?
In welchen Schlüsselqualifikationen, die du in deinem Alltag benötigst, bist du besonders gut? In der folgenden Aufgabe sollst du dies anhand von Beispielen herausfinden.

1 Ordne die folgenden Beispiele den drei Bereichen Sach- und Methodenkompetenz, Sozialkompetenz und Ich-Kompetenz zu. Kreuze an, wo du für dich eine Stärke siehst.

- ○ **1** Ich habe bei Problemen oft eine gute Idee und finde ein Lösung.
- ○ **2** Ich kann mich gut in andere Menschen hineinversetzen.
- ○ **3** Ich kann gut präsentieren.
- ○ **4** Ich kann mich selbst gut motivieren.
- ○ **5** Ich kann gut auf andere Menschen zugehen.
- ○ **6** Ich kann mich sprachlich gut ausdrücken.
- ○ **7** Ich kann unter Zeitdruck gut arbeiten und behalte die Ruhe.
- ○ **8** Ich kann in Konflikten gut vermitteln.
- ○ **9** Ich überlege mir meine Enscheidungen gut und liege damit oft richtig.

Beispiel Nr.	**Sach- und Methodenkompetenz** *(falls zutreffend, ankreuzen)*	**Sozialkompetenz** *(falls zutreffend, ankreuzen)*	**Ich-Kompetenz** *(falls zutreffend, ankreuzen)*	**Hier habe ich eine Stärke** *(falls zutreffend, ankreuzen)*
1			X	
2		X		
3	X			
4			X	
5			X	
6				X
7			X	
8		X		
9	X			

Welche weiteren Schlüsselqualifikationen besitze ich?

In den Beispielen auf der vorangegangenen Seite hast du nur eine kleine Auswahl an verschiedenen Schlüsselqualifikationen kennengelernt. Du besitzt sicherlich noch viele weitere.

1 Überlege dir drei weitere Kompetenzen, die du besitzt, und ordne sie jeweils einem der drei Bereiche in der folgenden Tabelle zu. Beginne deine Sätze mit: *Ich kann gut …* oder *Ich bin …* Falls du keine Ideen hast, kannst du auch eine Person deines Vertrauens fragen, wo sie deine Schlüsselqualifikationen sieht.

Beispiel: *Ich bin sehr pünktlich.* (Ich-Kompetenz)

Meine Schlüsselqualifikationen	Sach- und Methodenkompetenz	Sozialkompetenz	Ich-Kompetenz
1	Ich kann gut auf meine sachen aufpassen	Ich kann gut mit Freunde reden.	Ich kann gut zuhören
2	Ich bin ordentlich	Ich kann nicht gut Präsentation	Ich bin immer pünktlich
3	Ich habe immer meine Sachen dabei	~~Ich bin nicht gut in~~ Ich kenne mich gut aus is social medien	Ich bin höflich

2 Tausche dich mit einer Person deines Vertrauens in deiner Klasse über deine Stärken aus. Wie sieht sie dich mit deiner Auswahl?

3 Gibt es bei deinen Schlüsselqualifikationen einen Bereich, in dem du mehr Beispiele eingetragen hast?

- [ ] Ja, das ist der Bereich ________________________________.
- [x] Nein, bei mir sind alle drei Beispiele gleichmäßig auf die drei Bereiche verteilt.

Falls du „ja“ angekreuzt hast, besitzt du vielleicht in diesem Bereich mehr Stärken als in den anderen Bereichen.

Meine Schlüsselqualifikationen belegen

Halil kümmert sich mit Hingabe um seinen Hund und engagiert sich in seiner Freizeit im örtlichen Tierheim. Hao repariert und baut in ihrer Freizeit gerne technische Geräte in einem Makerspace. Makerspaces sind frei zugängliche Werkstätten, in denen jeder kostenlos Sachen bauen und reparieren kann.

Beide Jugendliche besitzen also Stärken, die sich als Schlüsselqualifikationen den drei Bereichen **Sach- und Methodenkompetenz**, **Sozialkompetenz** und **Ich-Kompetenz** zuordnen lassen.

1 Überlege dir, in welchen der drei Bereiche du Halils und Haos Schlüsselqualifikationen einordnen würdest, und beschreibe ihre Qualifikationen.

Person	Sach- und Methodenkompetenz	Sozialkompetenz	Ich-Kompetenz
Halil	kümmert sich um sein Hund	geht mit dem Hund zum Tier Artz.	liebevoll.
Hao	Baut gerne sachen	geht gerne zum Maker-space	handwerkliches geschick, sorgfallt. Informatikkenntnisse

2 Tauscht euch im Plenum über eure Beschreibungen und Zuordnungen zu den einzelnen Bereichen der Schlüsselqualifikationen aus.

Halil und Hao würden gerne in einer Bewerbung ihre Schlüsselqualifikationen beschreiben. Doch wie können sie diese belegen?

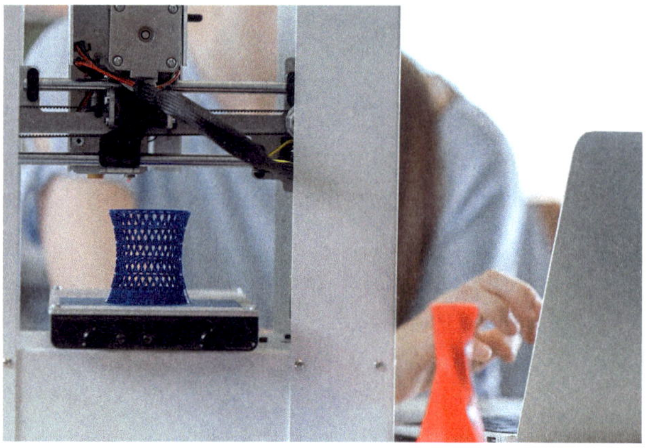

Hao überlegt:
„Ich kenne mich gut mit 3-D-Druckern aus und leite daher oft andere Jugendliche beim Entwickeln und Drucken eigener Ideen an. Außerdem denke ich mir oft Lösungen für technische Probleme aus. Das ist doch ein Beleg für meine Schlüsselqualifikationen."

Sie überlegt sich folgende Sätze für ein Bewerbungsschreiben:

„In meiner Freizeit baue und repariere ich gerne technische Geräte. Dabei leite ich in einem Makerspace andere Jugendliche beim Drucken mit einem 3-D-Drucker an. So habe ich mir viele technische Fähigkeiten angeeignet und verfüge hier über eine gute Sach- und Methodenkompetenz."

Halil macht sich folgende Gedanken:
„Ich pflege und füttere täglich meinen Hund und gehe mit ihm morgens und abends spazieren. An zwei Tagen in der Woche helfe ich im Tierheim, die Käfige zu säubern, und führe die Hunde dort aus. Das ist doch ein Beleg für meine Schlüsselqualifikationen."

3 Überlege dir zwei bis drei passende Sätze, die Halil in einem Bewerbungsschreiben verwenden könnte:

sie füttert täglich die Hunde
macht die Käfige sauber und führ die
Hunde dort aus.

4 Tauscht euch im Plenum über eure Vorschläge zu Halils Sätzen aus.

Passen meine Qualifikationen zu meinem Wunschberuf?

Halil und Hao haben beide den gleichen Wunschberuf: Der Beruf der Mechatronikerin bzw. des Mechatronikers gefällt beiden besonders gut.

Halil sagt: *„Ich habe mich schon immer für schnelle Autos begeistert und schaue regelmäßig Sendungen, in denen Autos technisch getunt werden. Ich kann mir sehr gut vorstellen, wie man Autos repariert. Ich bin bei allem, was ich mache, sehr sorgfältig. Deshalb möchte ich gerne den Beruf des Kraftfahrzeugmechatronikers erlernen."*

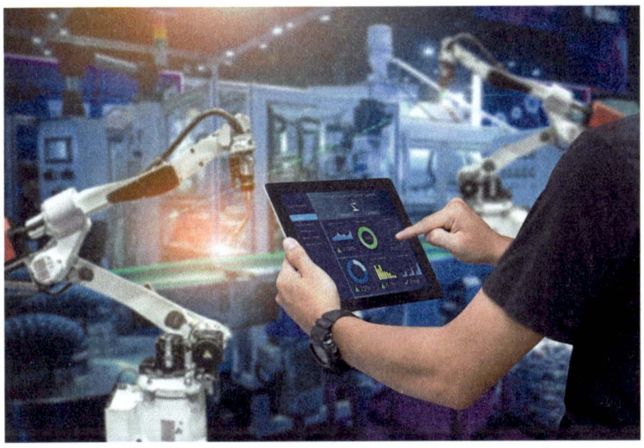

Hao überlegt: *„Das Bauen und Programmieren von Robotern und Maschinen fasziniert mich schon immer. Mit meinem Hobby konnte ich hier schon erste Erfahrungen sammeln und weiß daher, dass mir diese Tätigkeiten liegen und Spaß machen. Beim Reparieren von Geräten bin ich handwerklich geschickt. Für den Druck von 3-D-Modellen habe ich das nötige technische Verständnis entwickelt. Deshalb möchte ich gerne den Beruf der Mechatronikerin lernen."*

1 Halil und Hao haben ganz unterschiedliche Argumente, warum sie den Beruf der Mechatronikerin bzw. des Mechatronikers erlernen möchten. Überlegt, wessen Qualifikationen besser zu dem Beruf passen könnten. Schreibt hier euer Ergebnis mit Begründung auf:

Ich finde von Hao ist besser Qualifitiert
weil sie interresiert sich für maschinen
in KFZ baut man auch mit maschinen,
Halil sagt, er will bei KFZ arbeiten
weil er schnelle autos mag und das reicht nicht

Welche Schlüsselqualifikationen benötigt man in welchem Beruf?
Berufe unterscheiden sich durch verschiedene Anforderungen. Daher sind in jedem Beruf andere Schlüsselqualifikationen wichtig. Doch woher weißt du, wo welche Qualifikationen benötigt werden?

Einen Überblick erhältst du hier beispielsweise auf der Seite www.planet-berufe.de von der Bundesagentur für Arbeit. Du kannst dort zu jedem Ausbildungsberuf die geforderten Schlüsselqualifikationen checken. Sie werden unter den **Anforderungen** zu dem Beruf aufgeführt.

Bei unserem Beispiel der Mechatronikerin bzw. des Mechatronikers steht hier beispielsweise:

- Geschicklichkeit und Auge-Hand-Koordination (z. B. beim Montieren von Schaltungsrelais, beim Austauschen von Verschleißteilen)
- technisches Verständnis (z. B. beim Montieren von Anlagen und Maschinen aus mechanischen und elektronischen Teilen)
- Umsicht (z. B. beim Arbeiten an stromführenden Bauteilen)
- Sorgfalt (z. B. beim Analysieren und Beheben von Fehlfunktionen)

2 Welche der oben genannten Anforderungen erfüllen Halil und Hao bereits? Vergleiche die Anforderungen mit den Aussagen der beiden und kreuze bei einer Übereinstimmung diese in der Tabelle an.

Person	Geschicklichkeit	technisches Verständnis	Umsicht	Sorgfalt
Halil erfüllt diese Anforderungen: 		Autos		X
Hao erfüllt diese Anforderungen: 	X	maschine X	X	

3 Vergleiche deine Ergebnisse mit denen einer Partnerin bzw. eines Partners. Stimmt ihr in allen Einschätzungen überein?

4 Die Erfüllung welcher Anforderungen können Halil und Hao begründen? An welchen Stellen können sie es nur von sich behaupten? Diskutiert diese Fragen im Plenum.

Die Schlüsselqualifikationen zu meinem Wunschberuf

Sicherlich hast du dir bereits Gedanken darüber gemacht, welchen Beruf du besonders gerne einmal ausüben möchtest. In verschiedenen Praktika hattest du vielleicht schon die Möglichkeit, einen Beruf näher kennenzulernen. Doch passen deine Schlüsselqualifikationen zu den Anforderungen in deinem Wunschberuf?
In den folgenden Aufgaben sollst du dies herausfinden.

1 Was ist dein Wunschberuf? Schreibe diesen zunächst hier auf. Falls du mehrere Wünsche hast, darfst du diese hier ebenfalls notieren.

Mein Wunschberuf ist: Bäcker

Alternativ würde ich gerne folgenden Beruf lernen: Konditor

2 Welche Anforderungen solltest du als Voraussetzung zum Lernen oder Ausüben des Berufes mitbringen? Schaue hierzu auf der Seite www.planet-berufe.de im Internet, welche Anforderungen bei deinem Wunschberuf beschrieben sind.

3 Trage vier der genannten Anforderungen aus der Beschreibung in die erste freie Zeile der folgende Tabelle ein.

	Anforderung 1	Anforderung 2	Anforderung 3	Anforderung 4
Ich erfülle diese Anforderung, weil …	Geschick	kreativ	Sorgfalt	ordentlichkeit
	☆ ✓	☆ ✓	☆ ✓	☆ ✓

4 Welche der geforderten Anforderungen erfüllst du? Du kannst dir als Hilfe noch einmal deine Überlegungen zu deinen Schlüsselqualifikationen auf den Seiten 23 und 24 ansehen. Belege dies in der zweiten freien Zeile der Tabelle jeweils mit einem kleinen Beispiel.

Wenn du hier noch keine Qualifikation besitzt, lass das Feld einfach leer.

5 Tausche dich mit einer Partnerin bzw. einem Partner über dein Ergebnis aus. Kann sie bzw. er deine Beispiele jeweils nachvollziehen? Falls das nicht der Fall ist, solltest du dir überlegen, ob du diese Anforderung wirklich erfüllst.

6 Wie viele Anforderungen erfüllst du mit deinen Beispielen – in Abstimmung mit deiner Partnerin bzw. deinem Partner? Male für jede erfüllte Anforderung einen Stern in der letzten Zeile der Tabelle aus.

7 Schätze dich nun selbst anhand der folgenden Tabelle ein.

Anzahl Sterne	Bewertung und Empfehlungen
☆☆☆☆	Du findest kein Beispiel für eine Übereinstimmung deiner Stärken mit den Anforderungen in diesem Beruf. Hier solltest du lieber nach einem anderen Beruf suchen, der besser zu deinen Schlüsselqualifikationen passt.
★☆☆☆	Du findest eine Übereinstimmung einer deiner Stärken mit einer Anforderung in diesem Beruf. Das sind sehr wenige Übereinstimmungen. Überlege dir, welche alternativen Berufe besser mit deinen Schlüsselqualifikationen übereinstimmen.
★★☆☆	Bei dir stimmt die Hälfte deiner Schlüsselqualifikationen mit den Anforderungen zu deinem Wunschberuf überein. Reicht dies aus, um mit deinen Stärken in deinem späteren Wunschberuf erfolgreich zu sein? Vielleicht hilft dir ein Praktikum in diesem Beruf, um das genauer herauszufinden. Suche auf jeden Fall nach weiteren Berufen, die besser mit deinen Stärken übereinstimmen.
★★★☆	Du findest drei Übereinstimmungen mit deinem Wunschberuf. Das ist schon richtig gut! Welche Anforderung erfüllst du noch nicht? Ist diese besonders wichtig, um in diesem Beruf erfolgreich zu sein? Falls du dir hier unsicher bist, kann dir die Berufsberatung bei der Suche nach einer Antwort helfen.
★★★★	Volltreffer! Du hast bei allen Anforderungen eine Übereinstimmung. Damit scheinst du mit deinen Stärken die Voraussetzungen für deinen Wunschberuf voll zu erfüllen. Jetzt musst du nur noch einen Ausbildungsplatz in deinem Beruf finden. Leider ist der nicht immer greifbar. Deshalb solltest du dich nach ähnlichen Berufen erkundigen, in denen du mit deinen Voraussetzungen ebenso gute Ergebnisse erzielst.

8 Tauscht euch in eurer Klasse über die Ergebnisse aus: Wo wart ihr überrascht?
Welches Ergebnis hat euch in eurer Berufswahl bestätigt?

Noch unsicher? Dann hilft dir bestimmt ein Besuch im Berufsinformationszentrum (BIZ) weiter. Hier kannst du vor Ort Berufe erkunden und dich mit einer Berufsberaterin bzw. einem Berufsberater persönlich austauschen. Die Adresse des nächsten BIZs zu deinem Wohnort findest du im Internet. Vereinbare telefonisch einen Termin für ein Gespräch.

MK Internetseiten für meine Berufswahl

Folgende Seiten können dich bei deiner Berufswahl unterstützen. Unter jeder Seite findest du eine kurze Beschreibung zu den Inhalten. Nimm dir die Zeit, um die Anforderungen der jeweiligen Berufe kennenzulernen und mit deinen Stärken abzugleichen!

Seiten zum Informieren

planet-beruf, Bundesagentur für Arbeit
https://planet-beruf.de
Hier erhältst du eine Übersicht über alle Ausbildungsberufe. Zudem gibt es viele Erklärfilme, Checklisten, Aufgaben und vieles mehr.
BERUFENET, Bundesagentur für Arbeit
https://berufenet.arbeitsagentur.de/berufenet
Hier kannst du dich über einzelne Berufe schlaumachen. Mehr als 3.100 Berufe sind hier beschrieben. Hier findest du zu deinem Wunschberuf auch Ausbildungsalternativen.
Dein erster Tag
https://www.deinerstertag.de
Erlebe die Welt der Berufe in 360° und tauche mit Virtual Reality in den Arbeitsalltag der spannendsten Unternehmen ein.
Ich mach's, BR alpha
www.br.de/fernsehen/ard-alpha/sendungen/ich-machs/ich-machs102.html
Auf der Seite des Senders BR alpha findest du regelmäßig neue Videos zu Berufen.
Ausbildung M+E, Bundesagentur für Arbeit
https://www.ausbildung-me.de
Hier findest du umfangreiche Informationen zur Ausbildung in der Metall- und Elektroindustrie – von der Stellensuche in der Ausbildungsplatzbörse über aktuelle Blogbeiträge bis hin zu Bewerbungstipps werden viele spannende Themen präsentiert.
Elementare Vielfalt
https://www.elementare-vielfalt.de/
Hier findest du Informationen zu Berufen aus dem Bereich Naturwissenschaften.
IT-Berufe
https://it-berufe.de/
Auf dieser Seite werden die vielseitigen Berufe in der IT-Branche dargestellt.
Handwerk
https://handwerk.de/
Hier erfährst du alles über Handwerksberufe mit Aufstiegs- und Karrieremöglichkeiten.

Hefte diese Seite in dein Portfoliokapitel „Arbeitsplätze und Beruf" ab. Trage sie zudem in das Inhaltsverzeichnis ein: Internetseiten für meine Berufswahl

Bauberufe
https://www.bauberufe.net/home.html
Hochbau, Ausbau und Tiefbau: In der Baubranche gibt es viele interessante Berufe, die sich um das Thema Bauen drehen.
Berufe Entdecker
https://entdecker.biz-medien.de
Hier kannst du im Schnellcheck verschiedene Berufe online entdecken und Favoriten finden.
Jobbörse der Agentur für Arbeit
https://jobboerse.arbeitsagentur.de
Welche Ausbildungsplätze gibt es in meiner Region? Die Seite der Jobbörse gibt dir hier Auskunft.

Seiten, um dich zu testen
Auf diesen Seiten kannst du deine Stärken und Kompetenzen über verschiedene Verfahren herausfinden und testen.

Check-U, Bundesagentur für Arbeit
https://www.arbeitsagentur.de/bildung/welche-ausbildung-welches-studium-passt
Dieses kostenlose Erkundungstool der Bundesagentur für Arbeit bietet vier Onlinetests zu deinen Interessen, Fähigkeiten, sozialen Kompetenzen und beruflichen Vorlieben.
MINT-Typ Test
https://www.komm-mach-mint.de/schuelerinnen/teste-dich-selbst/mint-test
Finde mit dem MINT-Test heraus, ob dir Berufe in Naturwissenschaft und Technik liegen.
Azubiyo.de
https://www.azubiyo.de/berufswahltest/
Auf dieser Seite kannst du einen kostenlosen Berufswahltest machen.

1 Suche weitere Seiten, auf denen du dich zu Berufen informieren kannst und/oder auf denen weitere Stärkentestungen angeboten werden. Vielleicht gibt es in deiner Region besondere Angebote, zum Beispiel über die Kammern oder weitere Institutionen wie Berufsverbände usw. Trage die Ergebnisse deiner Recherche hier ein.

Name:
Internetseite:
Kurzbeschreibung:
Name:
Internetseite:
Kurzbeschreibung:

starkeSeiten: Check ✓

Kapitel 2: Stärken entdecken

Kreuze in jedem Feld die entsprechende Anzahl der Smileys an.

Das ist mir/ihr/ihm sehr gut gelungen.	☺☺☺☺☺
Das ist mir/ihr/ihm gut gelungen.	☺☺☺☺
Das habe/hat ich/sie/er hinbekommen.	☺☺☺
Das hat mir/ihr/ihm Schwierigkeiten bereitet.	☺☺
Das ist mir/ihr/ihm nicht gelungen.	☺

Merke

- **Wenn du mindestens drei Smileys erreichst, kannst du dir im Kompetenzfeld einen Haken geben.** ✓

Schätze dich ehrlich ein. Kreuze an.

	Selbst-einschätzung:	Fremd-einschätzung:	Kompetenz-feld:
Ich kann Schlüsselqualifikationen den drei Bereichen zuordnen.	☺☺☺☺☺	☺☺☺☺☺	○ 5B
Ich kann meine Schlüsselqualifikationen benennen und belegen.	☺☺☺☺☺	☺☺☺☺☺	○ 5B
Ich kann meine Stärken mit den Anforderungen meines Wunschberufes abgleichen.	☺☺☺☺☺	☺☺☺☺☺	○ 5C
Ich kann eine Selbst- und Fremdeinschätzung durchführen.	☺☺☺☺☺	☺☺☺☺☺	○ 5C
Ich kann meine Schlüsselqualifikationen anhand von Beispielen und für ein Bewerbungsanschreiben ausformulieren.	☺☺☺☺☺	☺☺☺☺☺	○ 1D
Wenn du die Portfolioseiten „Schlüsselqualifikationen, die für alle Berufe wichtig sind“, „Meine Schlüsselqualifikationen – perfekt formuliert“, „Internetseiten für meine Berufswahl“ und diese Seite ordentlich ausgefüllt und in deinen Portfolioordner eingeheftet hast, bekommst du zusätzlich einen Punkt.			○ 3A

Denke daran: Übertrage deine Checks in dein Gesamtkompetenzraster im Portfolio!

Hefte diese Seite in dein Portfoliokapitel „starkeSeiten: Check ✓“ hinter die Seite „Kapitel 1: Unterlagen ordnen“ ab. Trage die Seite in das Inhaltsverzeichnis ein: Kapitel 2: Stärken entdecken

Dein Trainingsplan

Kapitel 2: Stärken entdecken

In diesem Kapitel hast du viel über deine Schlüsselqualifikationen gelernt und diese in die drei Bereiche Sach- und Methodenkompetenz, Sozialkompetenz und Ich-Kompetenz eingeteilt. Damit wir in unserem Leben erfolgreich sein können, müssen wir unsere Kompetenzen fortlaufend anpassen und weiterentwickeln.
Dies ist nicht nur in unserem beruflichen Leben wichtig, sondern ebenso in unserem ganz normalen Alltag. Doch welche Schlüsselqualifikationen benötigst du in deinem Alltag und welche Stärken hast du hier?

Trainingsaufgabe: Meine alltäglichen Schlüsselqualifikationen

1 Welche Schlüsselqualifikationen benötigst du in deinem Alltag? Überlege dir zu jedem Bereich mindestens zwei und trage diese in die Tabelle ein. Du findest als Hilfe in jedem Bereich bereits ein formuliertes Beispiel.

Sach- und Methodenkompetenz	Sozialkompetenz	Ich-Kompetenz
Ich bin in unserem Haushalt für das Zubereiten von Salaten zuständig und helfe regelmäßig beim Kochen.	*Ich spiele mit meinem kleinen Bruder und helfe ihm beim Anziehen.*	*Ich räume regelmäßig und selbstständig mein Zimmer auf.*
team fähigkeit	Teamfähigkeit	ordentlich-keit
Zuverlässig		selbsfalt

2 Sprich eine Person aus deinem Haushalt an und frage sie, wie sie deine Schlüsselqualifikationen aus der oben stehenden Tabelle einschätzt. Findet sie, dass du hier Stärken hast und diese im Alltag auch zeigst?

3 Überlege dir, wie du die Kompetenzen in deinem Alltag noch weiterentwickeln und trainieren kannst. Tausche dich darüber mit einer Freundin oder einem Freund aus.

Hefte diese Seite in dein Portfoliokapitel „Starkmacherseiten" hinter die Seite „Starkmacherseite Kapitel 1" ab. Trage sie zudem in das Inhaltsverzeichnis ein: Starkmacherseite Kapitel 2

3

Verhalten und Mitarbeit sind mir so egal.

Wieso haben Sie keine Praktika gemacht?

ernimm Verantwortung deine Zukunft!

Am liebsten würde ich den ganzen Tag chillen.

Boah, wann ist die Stunde rum? Als ob ich das jemals brauchen könnte ...

Ich hab' einfach keinen Bock, irgendwas zu unternehmen.

Konflikte lösen

Ich werde ...

- Konflikte reflektieren.
- Lösungsstrategien für Konflikte entwickeln.
- Ziele ausformulieren.
- einen Zeitplan erstellen.

1 Welche Konflikte könnt ihr auf den oben abgebildeten Fotos erkennen?

2 Markiere jeden Konflikt, der auch dich in deinem Alltag betrifft.

3 Tauscht euch mit eurer Partnerin bzw. eurem Partner aus. Könnt ihr euch gegenseitig erste Tipps geben, wie ihr mit Konflikten umgehen könnt?

„Wie soll ich mir merken, was ich alles zu erledigen habe? Es ist einfach zu viel! Ich komme mit meinen Aufgaben und Terminen nicht mehr klar."

Konflikte lösen

1 Betrachte die Konfliktsituationen noch einmal genauer. Welche Gefühle oder Gedanken fallen dir zu den Situationen ein?

Sie ist konzentriert

Sie will schlafen

Er ist müde

Sie fühlt sich genervt

Er ruht sich aus

Sie sind gelangweilt

2 Bei einem Konflikt gibt es immer mindestens zwei Seiten oder Blickwinkel. Welche Gefühle oder Gedanken könnten die anderen beteiligten Personen in den Situationen haben? Tauscht euch in der Klasse darüber aus.

Konflikt und Konfliktfähigkeit

1 Du hast dich nun mit verschiedenen Konfliktsituationen beschäftigt. Formuliere eine Definition für den Begriff „Konflikt“.

Der Begriff „Konflikt“ kommt vom lateinischen Wort conflingere. Das bedeutet zusammenschlagen oder zusammenprallen.

Definition Konflikt:

Wenn sich Zwei person streiten haben sie einen Konflikt.

2 In Kapitel 2 habt ihr verschiedene Schlüsselqualifikationen kennengelernt. In unserem Alltag werden wir immer wieder mit Konflikten konfrontiert. Welche Schlüsselqualifikationen, die zur Lösung von Konflikten hilfreich sind, fallen euch ein?

Mit Konfliktfähigkeit wird die Fähigkeit einer Person beschrieben, in einer Auseinandersetzung einen Konflikt mit einer anderen Person konstruktiv zu bewältigen oder einen Konflikt, bereits bevor dieser zum Streit wird, zu vermeiden.

Konfliktfähigkeit bedeutet, dass ich … bin:

konflikt fähigkeit bedeutet dass ich mit anderen rede oder wenn sich zwei streiten das ~~ei~~ ich mich einmische um den Streit zu beenden.

3 Auf der folgenden Seite 42 findest du eine Methode, um deine Konflikte zu visualisieren, also bildlich darzustellen.

a) Notiere in den Pfeilen und Blitzen alle Anforderungen, die an dich gestellt werden (von Eltern, Lehrerinnen und Lehrern, Vereinen, Freunden, ...).

b) Schreibe in die Denkblasen, welche Wünsche und Ideen du selbst für dich hast.

c) Notiere in das Herz, welche Gefühle sich bei dir ergeben. Entstehen Konflikte aus unterschiedlichen Wünschen oder Anforderungen an dich?

d) Jetzt geht es um deine Ziele und den Weg bis dahin. Formuliere ein oder auch mehrere Ziele, die du in deinem Leben erreichen möchtest. Der Zeitraum spielt keine Rolle. Trage deine Überlegungen in die Fahne mit dem Begriff „Ziel“ ein.

e) Auf unserem Weg zum Ziel stolpern wir oft über Hindernisse. Was sind deine Stolpersteine? Wie kannst du sie aus dem Weg räumen oder sogar einen Diamanten daraus formen? Schreibe in kurzen Stichworten deine Ideen an die Stolpersteine und Diamanten auf dem Weg.

Konflikte visualisieren

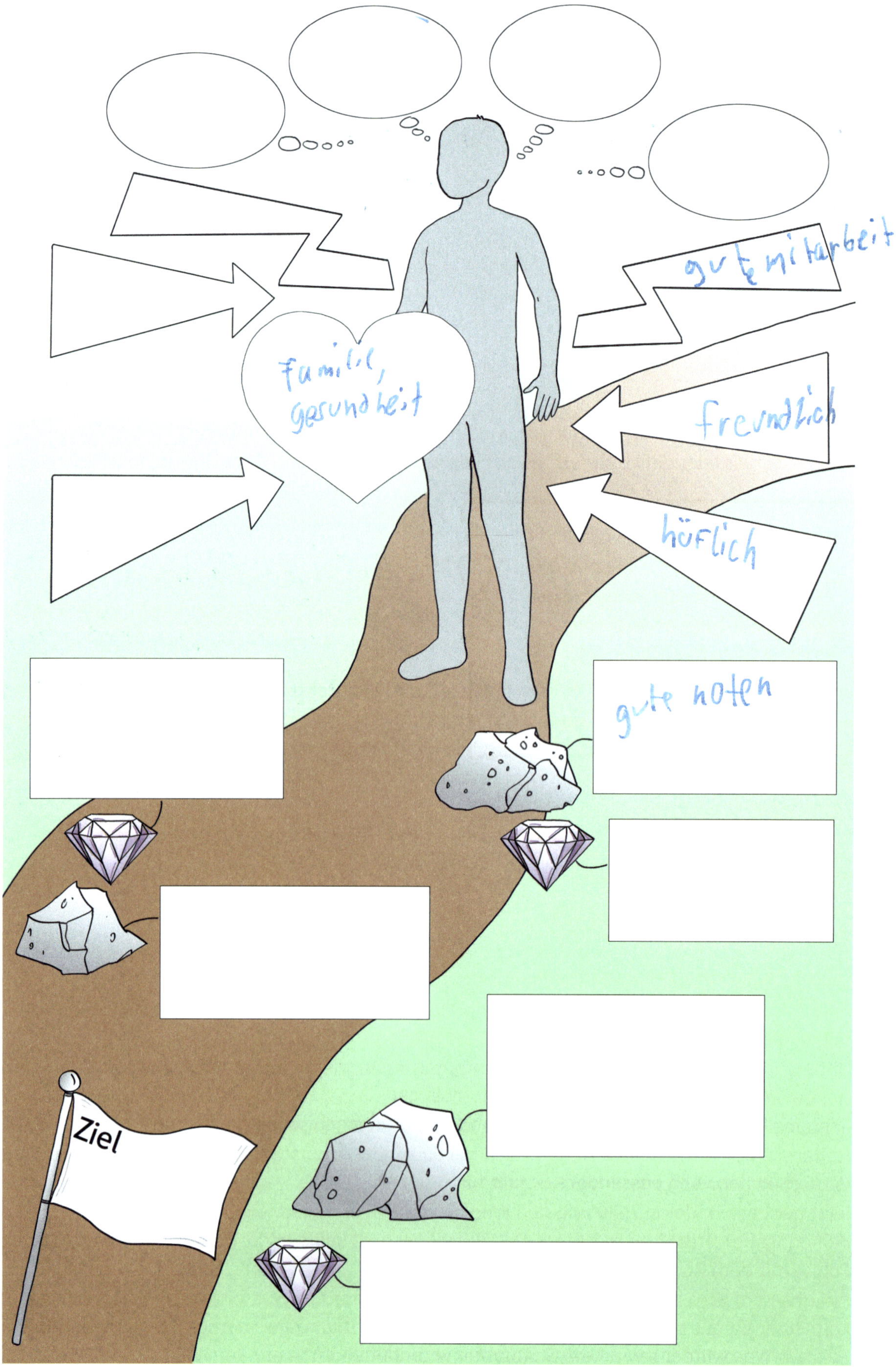

„Hätte ich das nur anders gemacht!"

Hej Haval,
oh Mann, ich weiß nicht mehr weiter! Seit drei Monaten mache ich eine Ausbildung zum Kaufmann für Versicherungen und Finanzen – und das, obwohl ich schon in der Schule Mathe nicht leiden konnte. Jetzt habe ich auch in der Berufsschule die ersten Prüfungen verhauen und Ärger mit meinem Chef. Der will mich zur Nachhilfe schicken – noch mehr lernen! :-(Dabei lief das alles so gut: Meine Tante hat mir über ihre Kontakte den Ausbildungsplatz besorgt, ich musste mich um gar nichts kümmern, nur zum Vorstellungsgespräch gehen, und das war voll easy. Reden kann ich ja gut. ;-) Nur schade, dass ich hier meine super Englischkenntnisse nicht einbringen kann. Ich wollte halt keinen Job, bei dem ich mich anstrengen muss oder schmutzig werde. Außerdem kann man bei dem Beruf hier richtig gut verdienen!
Früher wollte ich eigentlich immer studieren, aber meine Noten haben ja nicht für die weiterführende Schule gereicht. Deswegen wollte ich über die Ausbildung das Fachabi machen und danach dann studieren. Aber so, wie es jetzt läuft, kann ich das wohl auch knicken. Mist! Ich würde am liebsten alles hinschmeißen. Meine Eltern stressen auch nur noch rum. Deswegen gehe ich nach der Arbeit auch immer gleich ins Fitnessstudio oder treffe mich mit Freunden, bloß um zu Hause keinen Stress zu haben. Was mich auch nervt, ist, dass ich durch die Ausbildung gar keine Zeit mehr habe, am PC zu arbeiten. Du weißt doch, dass mich immer alle um Hilfe gebeten haben, wenn sie mit ihrem PC Probleme hatten. Und programmiert hab ich auch voll gerne …
Mein Praktikum in der Schule hat mir auch nix gebracht. Na gut, das habe ich mir ehrlich gesagt auch nur auf den letzten Drücker gesucht und war in einem Kiosk – da musste ich so gut wie nix schaffen, super gechillt. Aber jetzt habe ich ja keine Zeit mehr, was Neues auszuprobieren.
Hast du vielleicht 'ne Idee, was ich machen kann?

Ciao und danke schon mal, Kevin

1 In Kevins Leben gab es verschiedene Konfliktsituationen, in denen er die Weichen für seine Zukunft hätte anders stellen können. Kevin hat die Situationen damals nicht immer als Konflikt wahrgenommen. Welche Situationen findest du? Markiere diese Situationen wie im Beispiel durch Unterstreichen im Text.

2 Findest du Stärken, die Kevin in seiner Berufswahl hätte anders einbringen können? Notiere diese hier:

Seine guten English und Computerkenntnisse
braucht er nicht für seinen job

3 Welche Tipps hättest du Kevin damals gegeben, damit er heute nicht eine Ausbildung zum Kaufmann für Versicherungen und Finanzen macht und damit unglücklich wird?

4 Fallen euch passendere Berufe für Kevin ein?

5 Was würdet ihr in Kevins Situation verändern?

Ein gutes Zeitmanagement hilft

Viele von euch kennen das Gefühl oder die folgenden Situationen:
- Die nächste Klassenarbeit steht morgen an – aber wo ist nur die Zeit hin, die ihr für das Lernen und die Vorbereitung nutzen wolltet?
- Die Klassenlehrerin bzw. der Klassenlehrer hat euch schon vor Wochen eure Referatsthemen und Termine genannt – und plötzlich ist die Vorbereitungszeit wie weggeflogen.
- Der Praktikumszeitraum ist lange bekannt – aber für das Praktikum bewirbst du dich erst auf den letzten Drücker.

1

a) Beschreibe, wie oben, eine Situation, in der du wegen deiner (schlechten/falschen) Zeiteinteilung in Probleme geraten bist.

Lernen für Arbeiten

b) Was hättest du im Vorfeld tun können, um gar nicht erst in diese Situation zu kommen? Beschreibe kurz.

Einfach zu lernen und nicht sagen ich mache es morgen

c) Berichtet euch gegenseitig von euren Situationen und Lösungen.

2 Annika ist Schülerin der 9. Klasse und behauptet von sich:

a) Was meint sie damit?

Dass sie immer weiß wann sie was machen muss

b) Finde im Internet eine Definition für Zeitmanagement und schreibe diese auf.

zeitmangmant beschreibt eine efftive Zeit einteilung um möglicht Produktaktiv zu sein

Zeitpläne helfen, Konflikte zu vermeiden

Annika war nicht immer gut in ihrem Zeitmanagement. Es kam oft zu Konflikten mit ihren Lehrkräften und Eltern, weil sie ihre Aufgaben nicht rechtzeitig fertig hatte. Dann hat sie angefangen, Zeitpläne zu schreiben. Am Anfang war das noch komisch und neu für sie, aber mit der Zeit wurde das ganz leicht – und die Konflikte wurden weniger.

In Englisch ist Annika echt super. Ihr Lehrer Mister Little kündigt den nächsten Vokabeltest an. Der findet bereits in einer Woche statt.

Annika legt sich einen Zeitplan für den nächsten Vokabeltest in Englisch an:

Schritt / Tag	Was muss ich machen?	Bis wann?	erledigt
1	*Herausschreiben der ersten 10 Wörter*	*8.10.*	√
2	*Herausschreiben der nächsten 10 Wörter*	*9.10.*	√
3	*Lernen und Wiederholen der 20 Wörter, lautes Sprechen (15 Minuten)*	*10.10.*	√
4	*Herausschreiben der nächsten 10 Wörter und Wiederholen der ersten 20 Wörter und der neuen 10 Wörter*	*11.10.*	√
5	*Herausschreiben der letzten 15 Wörter dieser Unit / lernen mit Sofia*	*12.10.*	√
6	*Lernen und Wiederholen aller 45 Vokabeln: Deutsch-Englisch und Englisch-Deutsch (eine Stunde) / meine Mutter hört mich ab*	*13.10.*	√
7	*Lernen und Wiederholen (30 Minuten)*	*14.10.*	√
8	*Vokabeltest*	*15.10.*	√

1 Wie findest du Annikas Zeitplan? Begründe deine Antwort kurz.

Ich Finde es gut weil man immer genau so viel macht wie man machen muss pro tag.

2 Was hat sie mit Grün und Rot noch zusätzlich eingetragen?

grün = lernen Mutter hört sie ab rot = 1Stunde, 15, 30 min

3 Welche weiteren Spalten und Zeilen hätte sie für ihren Plan noch anlegen können?

Wann man anfangt zu lernen

4 Vergleicht eure Antworten aus den Aufgaben 1 bis 3.

MK Mit Apps Zeitpläne digital erstellen

Viele Schülerinnen und Schüler verfügen über ein eigenes Smartphone, das sie zum Spielen und Kommunizieren verwenden. Wenn du auch ein solches Gerät besitzt, kannst du die hier vorgestellten Apps ebenfalls für deine Zeitplanung und Checklisten verwenden. So kannst du dich ganz automatisch an deine Aufgaben erinnern lassen.

Der digitale Terminkalender

Jedes Betriebssystem auf einem Smartphone bringt einige Apps mit, die bereits installiert und auch kostenlos sind. Man muss diese nur erkunden, um sie für die eigenen Bedürfnisse anzupassen und zu nutzen. Das einfachste Werkzeug ist hier der Terminkalender, der seine Benutzerin bzw. seinen Benutzer zuverlässig an die eingetragenen Termine erinnert. Doch wie kannst du diesen beispielsweise für das Lernen für Klassenarbeiten nutzen?

Hierzu nehmen wir uns die Tabelle von der letzten Seite als Beispiel: Annika hat sich hier in ihrem Zeitplan sieben Termine gesetzt, bis wann sie verschiedene Aufgaben erledigt haben möchte. Die ersten vier Tage lernt sie alleine.

Die Kalendereintragung

Annika erstellt auf ihrem Smartphone für jeden Tag einen Kalendereintrag in ihrer Kalender-App. Den Termin setzt sie am jeweiligen Tag auf nachmittags, damit ihr Klingelton nicht morgens im Unterricht ertönt.

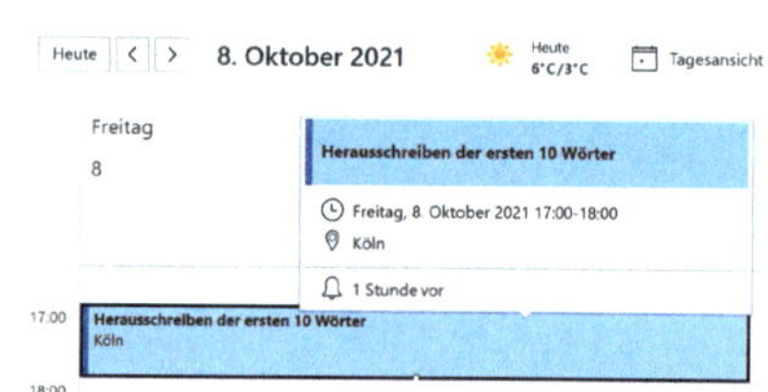

Wichtig ist hierbei, dass sie eine Erinnerungsfunktion mit einbaut, mit der sie zum Ablauf des Termins an die gestellte Aufgabe erinnert wird. Annika entscheidet sich für zwei Erinnerungen, die zeitlich voneinander so weit auseinanderliegen, dass sie nach der ersten Erinnerung noch Zeit hat, ihre Aufgaben zu erledigen. Sollte sie dies nicht hinbekommen, hilft ihr die zweite Erinnerung, ihre Aufgabe nun wirklich in Angriff zu nehmen.
Annika entscheidet sich deshalb für einen zeitlichen Abstand von einer Zeitstunde. Sie achtet auch bewusst darauf, dass die zweite Erinnerung nicht abends liegt, da sie ansonsten ihre Aufgabe nicht mehr vor dem Zu-Bett-Gehen bewältigen kann.

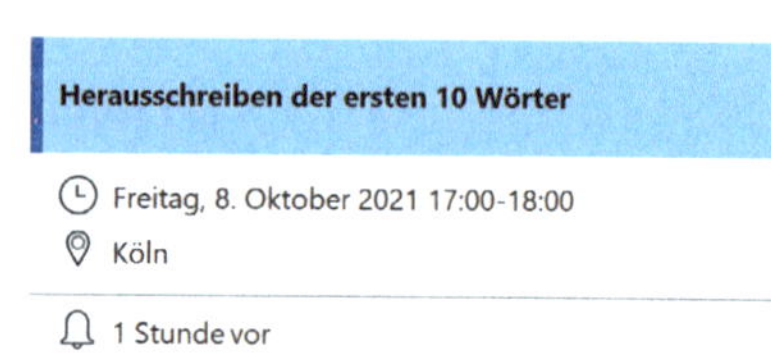

Teilnehmer einladen

Am fünften Termin möchte Annika zusammen mit ihrer Freundin Sofia lernen. Wenn sie den Termin in ihrem Kalender einträgt, kann sie Sofia direkt aus der App heraus zu diesem Termin einladen. Hierzu nutzt sie die Funktion *Teilnehmer hinzufügen*. Hier trägt Annika die E-Mail-Adresse von Sofia ein und kann ihr mit der Taste *Senden* direkt den Terminvorschlag zusenden. Auch Sofia wird nun in ihrer Kalender-App an diesen Termin erinnert.

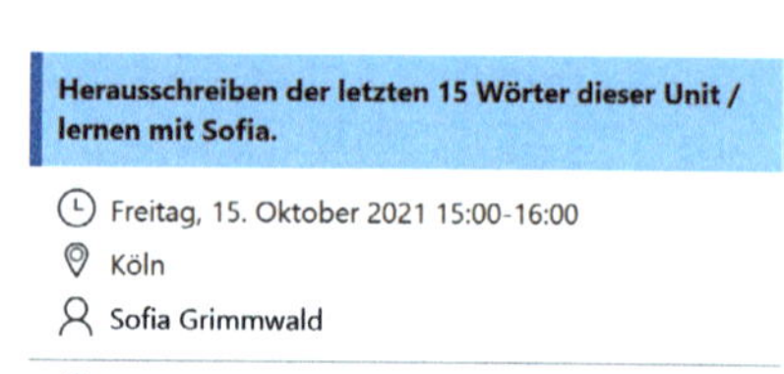

starkeSeiten: Check ✓

Kapitel 3: Konflikte lösen

Kreuze in jedem Feld die entsprechende Anzahl der Smileys an.

Das ist mir/ihr/ihm sehr gut gelungen.	☺☺☺☺☺
Das ist mir/ihr/ihm gut gelungen.	☺☺☺☺
Das habe/hat ich/sie/er hinbekommen.	☺☺☺
Das hat mir/ihr/ihm Schwierigkeiten bereitet.	☺☺
Das ist mir/ihr/ihm nicht gelungen.	☺

Merke
- **Wenn du mindestens drei Smileys erreichst, kannst du dir im Kompetenzfeld einen Haken geben.** ✓

Schätze dich ehrlich ein. Kreuze an.

	Selbsteinschätzung:	Fremdeinschätzung:	Kompetenzfeld:
Ich kann Konflikte erkennen und benennen.	☺☺☺☺☺	☺☺☺☺☺	○ 4C
Ich kann Botschaften anderer verstehen und darauf richtig reagieren.	☺☺☺☺☺	☺☺☺☺☺	○ 4B
Ich kann mit Fehlern konstruktiv und fair umgehen.	☺☺☺☺☺	☺☺☺☺☺	○ 4D
Ich kann einem geschriebenen Text Informationen entnehmen, diese markieren und weiter verwenden.	☺☺☺☺☺	☺☺☺☺☺	○ 1B
Ich nutze einen Zeitplan, um eine selbst gewählte Aufgabe (Ziel) zu lösen.	☺☺☺☺☺	☺☺☺☺☺	○ 3E
Wenn du diese Seite ordentlich ausgefüllt und in deinen Portfolioordner eingeheftet hast, bekommst du zusätzlich einen Punkt.			○ 3A

Denke daran: Übertrage deine Checks in dein Gesamtkompetenzraster im Portfolio!

Hefte diese Seite in dein Portfoliokapitel „starkeSeiten: Check ✓" hinter die Seite „Kapitel 2: Stärken entdecken" ab. Trage die Seite in das Inhaltsverzeichnis ein: Kapitel 3: Konflikte lösen

Dein Trainingsplan

Kapitel 3: Konflike lösen

Ein gutes Zeitmanagement und der Einsatz von Zeitplänen können dir dabei helfen, Konflikte zu vermeiden. Dies war eine Lösungsstrategie, die du in diesem Kapitel kennengelernt hast. Bei welchen Aufgaben kommst du in deinem Leben in zeitliche Not? Wo erledigst du Dinge „auf den letzten Drücker"? In der folgenden Aufgabenstellung sollst du dir eine dieser Stressaufgaben herausnehmen und mit der Methode der Zeitpläne besser lösen.

Trainingsaufgabe: Mein Zeitplan

1 Überlege dir eine Aufgabe, die dich schon öfter in zeitliche Not gebracht hat. Die Aufgabe sollte aber so gewählt werden, dass du diese innerhalb von höchstens acht Tagen erfüllen kannst. Schreibe hier die Aufgabe auf.

Meine Stressaufgabe ist: ______________________________

2 Überlege dir, wie du die Kompetenzen in deinem Alltag noch weiterentwickeln und trainieren kannst. Tausche dich darüber mit einer Freundin oder einem Freund aus.

Schritt / Tag	Was muss ich machen?	Bis wann?	erledigt
1			
2			
3			
4			
5			
6			
7			

3 Wenn du die Aufgabe erledigt hast: Überlege dir, ob dir der Zeitplan bei der Umsetzung geholfen hat. Was kannst du vielleicht noch verbessern?

Hefte diese Seite in dein Portfoliokapitel „Starkmacherseiten" hinter die Seite „Starkmacherseite Kapitel 2" ab. Trage sie zudem in das Inhaltsverzeichnis ein: Starkmacherseite Kapitel 3

4

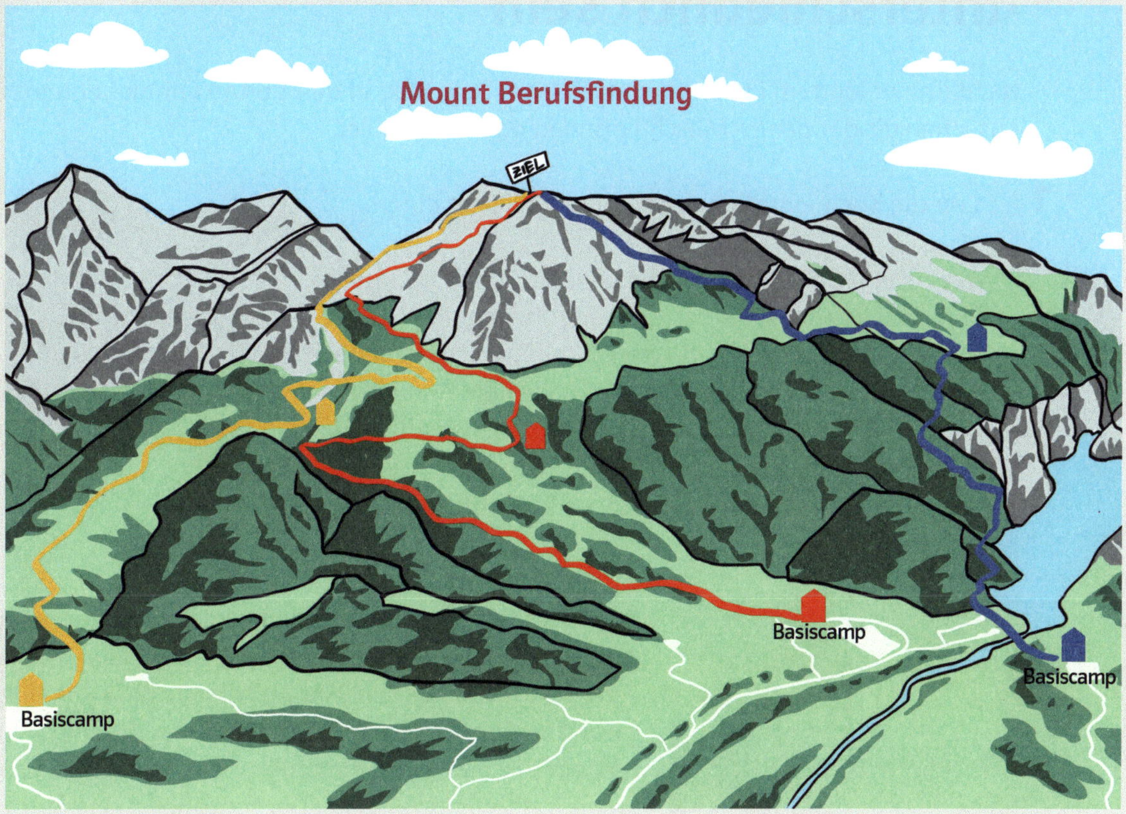

Im Team arbeiten

Ich werde …

- meinen Berufswegeplan in einzelne Phasen unterteilen.
- Teams kennenlernen, die mich auf meinem Weg zum Beruf unterstützen.
- meine Rollen im Praktikum und in der Ausbildung reflektieren.
- verstehen, was mich als starken Teamplayer auszeichnet.

„Angefangen haben wir mit dem Klettern zusammen in einer Kletterhalle. Hier haben wir die wichtigsten Grundlagen aufgebaut und unsere Kondition trainiert. Heute suchen wir uns ein gemeinsames Ziel aus, aber jeder von uns klettert seine Route. Trotzdem ist es wichtig, dass man Kletterpartner hat, auf die man sich verlassen kann!“

1 Welche Gedanken kommen euch, wenn ihr euch den „Mount Berufsfindung“ anschaut?

2 Was hat der Aufstieg auf einen Berg mit deiner Berufsfindung gemeinsam? Welche Gründe könnte es geben, dass es unterschiedliche Wege und Zwischenetappen gibt?

Wege in den Beruf können unterschiedlich sein

Nicht immer läuft im Leben alles nach Plan. Dein Weg in den Beruf kann daher ganz anders aussehen als der deiner Mitschülerinnen oder Mitschüler.

1 Lies dir die Kurzbiografien der vier Jugendlichen durch.

Aileen liebt Sport und trainiert in jeder freien Minute. Seit zwei Jahren ist sie selbst Trainerin einer Jugendmannschaft. Bisher hat sie wenig Zeit in einen Plan nach dem Schulabschluss investiert und auch die Anmeldefrist an den weiterführenden Schulen verpasst. Da Aileen noch nicht sicher ist, welche Ausbildung zu ihr passt, bewirbt sie sich nun für ein Freiwilliges Jahr im Sportbereich.

Stephan wusste sehr früh, dass er mit Kindern arbeiten möchte. Trotzdem hat er in den Ferien auch Berufe aus anderen Branchen ausprobiert und freiwillige Praktika als Anlagenmechaniker und Verwaltungsfachangestellter gemacht. Sein letztes Praktikum in einer Kita hat ihn in seinem Berufswunsch bestätigt: Nach der Schule wird er seine Ausbildung zum Erzieher beginnen.

Maureen wollte eigentlich später im Büro arbeiten. Bei einer Ausbildungsmesse hat sie aber am Stand der Handwerkskammer eine Hausschaltung installiert und gemerkt, dass ihr der Beruf der Elektronikerin Spaß machen könnte. Sie überlegt, ein freiwilliges Praktikum zu machen, obwohl sie ihre Freizeit viel lieber mit Freunden und Musikhören verbringt. Sie recherchiert über die Lehrstellen-App der Handwerkskammer nach Elektrofirmen.

Mircan zockt für sein Leben gern. Dabei hat er viel Ehrgeiz – anders als in der Schule. Er möchte Game-Entwickler werden und weiß, dass man für diesen Beruf studieren muss. Bei der Berufsberatung hat er erfahren, dass er nach dem mittleren Schulabschluss an einer weiterführenden Schule das Fachabitur ablegen muss. Deswegen strengt er sich jetzt besonders an: Er muss im Halbjahreszeugnis gute Noten bekommen, um seine Chancen auf einen Schulplatz zu erhöhen.

2 Suche dir eine bzw. einen der vier Jugendlichen aus und überlege, was sie bzw. er noch unternehmen kann, um ihr bzw. sein Ziel zu erreichen.

Name: Miran Mögliche Aktivitäten: Er könnte in förder kurs gehen,

3 Diskutiert, ob es den optimalen Weg in den Beruf gibt. Berücksichtigt dabei, wieso es wichtig ist zu wissen, wer euch auf dem Weg in den Beruf unterstützen kann.

Meine Schritte auf dem Weg in den Beruf

Ausbildungsmesse besuchen	Praktikum machen	Bewerbungen schreiben	Termin mit der Berufsberatung	Tag der offenen Tür in Unternehmen	Anmeldung an weiterführenden Schulen	Interessen und Stärken erkunden
zur Berufsberatung gehen	Ausbildungsangebote recherchieren	weitere Praktika machen	auf Auswahlverfahren (Test, Vorstellungsgespräch) vorbereiten	Infotage an weiterführenden Schulen besuchen	Alternativen recherchieren (FSJ, Langzeitpraktikum, ...)	

1 Ordne die Tätigkeiten den jeweiligen Phasen zu.
Manche Tätigkeiten kannst du mehrfach und in unterschiedlichen Phasen einsetzen.

Orientieren

Um eine gute Berufswahl zu treffen, ist eine gute Orientierung wichtig. In dieser Phase darfst du ruhig Fehler machen, zum Beispiel bei einem Praktikum merken, dass der Beruf nicht zu deinen Fähigkeiten passt. Wichtig ist, dass du weißt, welche Stärken und Kompetenzen du besitzt und diese mit den Anforderungsprofilen deiner Wunschberufe abgleichst. Dazu kannst du verschiedene Dinge unternehmen:

Ausbildungsmesse besuchen, ~~Pra~~
Interressen und Stärken erkunden,

Entscheiden

Ca. ein Jahr vor Ausbildungsbeginn solltest du deine Entscheidung getroffen und dir Ziele gesetzt haben. Auch in dieser Phase hast du weiterhin die Möglichkeit, deine Entscheidungen zu testen und zu überprüfen:

Praktikum machen, Tag der offenen
Tür in Unternehmen. Zur Berufs beratung
gehen.

Bewerben

Je früher du mit der Bewerbungsphase beginnst, desto mehr Auswahl an Ausbildungsangeboten hast du. Und du hast bei einer frühen Zusage für einen Ausbildungsplatz den Kopf frei, um dich im letzten Schuljahr auf deinen Schulabschluss zu konzentrieren.

Bewerbung schreiben, Termin mit der
Berufs beratung.

2 Auf deinem Weg in den Beruf bist du nicht allein. Wer begleitet dich? Trage in den Fahrplan auf der folgenden Seite ein, wer dich auf deinem Weg in den Beruf unterstützen kann.

Hefte diese Seite in dein Portfoliokapitel „Arbeitsplätze und Beruf" ab. Trage sie zudem in das Inhaltsverzeichnis ein: Meine Schritte auf dem Weg in den Beruf / Mein Weg in den Beruf

Mein Weg in den Beruf

Orientieren

Entscheiden

Bewerben

vorletztes Schuljahr

die vorletzten Herbstferien

Weihnachten vorbei, Anfang des neuen Jahres

Osterferien

Bewerbungsbeginn bei großen Unternehmen, bei Gemeinden, Kommunen, dem Bund oder Städten (öffentlicher Dienst, Beamtenlaufbahn), Banken und Versicherungen

letztes Schuljahr

weiter- führende Schulen

Alternativen vorbereiten

Okt. 20 ____

Nov. 20 ____

Dez. 20 ____

Jan. 20 ____

Febr. 20 ____

März 20 ____

April 20 ____

Mai 20 ____

Juni 20 ____

Juli 20 ____

Aug. 20 ____

Sept. 20 ____

Okt. 20 ____

Nov. 20 ____

Dez. 20 ____

Jan. 20 ____

Febr. 20 ____

März 20 ____

April 20 ____

Mai 20 ____

Juni 20 ____

Juli 20 ____

Im Team als Praktikant?

Herr Schmitt ist Personalleiter in einem mittelständischen Unternehmen, das Büromöbel herstellt. Wenn er es ermöglichen kann, bietet er Schülerinnen und Schülern Praktika in den verschiedenen Abteilungen der Firma an. Leider kommt es dabei immer wieder vor, dass die Betreuerinnen und Betreuer mit den Praktikantinnen und Praktikanten unzufrieden sind, weil diese die Erwartungen der Firma nicht erfüllen. Herr Schmitt möchte darauf reagieren und startet in den verschiedenen Abteilungen eine Befragung mit folgendem Inhalt:

Sehr geehrte Betreuerinnen und Betreuer von Praktika,

leider erreichen mich immer wieder Klagen über das Verhalten von Praktikantinnen und Praktikanten in Ihren Abteilungen. Wir wollen daher ein Anforderungsprofil für zukünftige Praktikantinnen und Praktikanten in unserem Unternehmen erstellen. Bitte teilen Sie mir zu diesem Zweck mit, welche Eigenschaften Sie als besonders wichtig erachten, damit die Praktikantinnen bzw. Praktikanten gut in Ihr Team passen.

Mit kollegialen Grüßen

Stefan Schmitt
Personalleiter

Herr Demir aus der Versandabteilung meint:
„In meinem Team ist es wichtig, dass alle Hand in Hand miteinander arbeiten und sich alle aufeinander verlassen können. Beim Beladen der LKWs dürfen keine Fehler passieren. Eine kleine Unachtsamkeit kann schon zu Unfällen führen. Von unseren Praktikantinnen und Praktikanten erwarte ich, dass sie eine gute Auffassungsgabe haben, aufmerksam und zuverlässig sind."

Frau Kluge aus der Marketingabteilung sagt:
„Wir erstellen in unserer Abteilung Konzepte für die Bewerbung unserer Produkte. In meinem Team ist es wichtig, gut miteinander zu kommunizieren. Man muss aber auch belastbar sein, da wir oft unter Zeitdruck kreativ arbeiten müssen. Von unseren Praktikantinnen und Praktikanten erwarte ich, dass sie neugierig sind und Interesse an unseren Projekten zeigen. Sie müssen sich gut in ein Team einfügen und sich sprachlich ausdrücken können."

Herr Müller aus der Fertigungsabteilung erläutert:
„In der Fertigung sind alle Arbeiten genau aufeinander abgestimmt. Da muss jeder Handgriff sitzen. Praktikantinnen und Praktikanten müssen interessiert und zuverlässig sein. Das beginnt mit dem pünktlichen Erscheinen und der Verlässlichkeit, eine Arbeit zu Ende zu bringen. Bei uns fallen viele Holzabfälle an. Das Kehren gehört hier als Arbeit dazu. Ich freue mich, wenn Praktikantinnen und Praktikanten Fragen stellen und Interesse an unserer Arbeit haben."

1 Überlege dir, welche drei wichtigen Teameigenschaften in den einzelnen Abteilungen gefragt sind, und trage diese in die Tabelle ein.

Abteilung:	Wichtige Teameigenschaften:
Versand	gute Auffassungsgabe, Team fähigkeit, und zuverlässig
Marketing	Kommonikation und Team Fähig-keit
Fertigung	interesse und zuverlässig sein, und pünktlichkeit.

2 Tauscht eure Ergebnisse in der Klasse aus. Wo habt ihr übereinstimmende Eigenschaften ausgewählt? Gibt es Eigenschaften, die wichtiger sind als andere?

3 Welche der in Aufgabe 1 beschriebenen Eigenschaften gehören zu deinen Stärken? Überlege dir, woran du und andere erkennen können, warum dies eine Stärke von dir ist.

Hierzu ein Beispiel:

Daniel findet, dass er sehr zuverlässig ist. Dies kann man daran erkennen, dass Daniel immer pünktlich ist und nur selten seine Arbeitsmaterialien im Unterricht vergisst.

Wähle zwei Stärken aus.
Schreibe in die linke Spalte der Tabelle die Eigenschaft, in der du stark bist. In die rechte Spalte trägst du eine Begründung dafür ein.

Meine starke Team-eigenschaft	Warum ich hier eine Stärke habe
pünklichkeit	Bin immer pünktlich da.
Team fähigkeit	Ich kann gut in Team arbeite

4 Tausche dich mit einer Partnerin bzw. einem Partner aus: Habt ihr eure starken Teameigenschaften gut begründet?

Welche Rollen hast du in einer Ausbildung?

Der Wechsel von der Schule in die Ausbildung bedeutet einen Schritt in eine völlig neue Welt. Du bist jetzt Azubi in einem Unternehmen, das dich erfolgreich durch deine Ausbildung führen möchte. Welche Veränderungen bedeutet dies für dich? Welche Erwartungen haben deine Vorgesetzten, welche die anderen Angestellten an dich? Lerne nun verschiedene Rollen kennen, die du im Laufe einer Ausbildung durchlaufen wirst. Selina macht eine Ausbildung zur Industriemechanikerin. Industriemechanikerinnen und -mechaniker organisieren, warten und kontrollieren Produktionsabläufe. Sie bauen Fertigungsstraßen auf und sorgen dafür, dass Maschinen und Fertigungsanlagen immer betriebsbereit sind.

Das erste Lehrjahr

Selina beginnt ihre Ausbildung im 1. Lehrjahr. Ihr Meister, Herr Greiner, zeigt ihr in der Lehrwerkstatt alle wichtigen Grundkenntnisse, die sie später in ihrem Beruf benötigt. Hierzu gehören z. B. das Zusammenschweißen von Rohren oder das Arbeiten an Maschinen. Selina muss viele Arbeitsabläufe, die ihr Herr Greiner oder andere Azubis zeigen, genau beobachten, bevor sie diese selbst ausprobieren darf. Dabei stellt sie häufig Fragen, um die Abläufe zu verstehen. Erst jetzt kann sie die Tätigkeiten selbst ausprobieren. Dabei passieren auch immer wieder Fehler und Selina braucht viel Geduld. Damit hier keine teuren Bauteile für die Firma fehlerhaft bearbeitet werden, übt Selina ihre Fähigkeiten an kleinen Werkstücken, die später entsorgt werden. Langsam erwirbt sie sich technische Fertigkeiten, die sie immer wieder übt. Ihre Erfahrungen schreibt Selina in ein Berichtsheft, eine Art Tagebuch für die Ausbildung. Da in einer Fertigung Metallspäne und Schmutz entstehen, gehören auch das Putzen und Reinigen der Werkzeuge, der Maschinen und der Werkstatt zu Selinas Aufgaben.

1 Zähle drei Aufgaben auf, die Selina im ersten Ausbildungsjahr hat:

viel gedu ld.

Das zweite Lehrjahr

Selina hat nach dem ersten Lehrjahr ihre Grundausbildung abgeschlossen. Sie beherrscht jetzt schon viele Grundkenntnisse und Techniken, die sie später für den Beruf der Industriemechanikerin benötigt. Im zweiten Lehrjahr durchläuft sie verschiedene Fachabteilungen ihres Unternehmens: das Konstruktionsbüro, die Instandhaltung und die Produktion.
Jetzt wird Selina an den großen Maschinen in der Produktion ausgebildet und darf schon kleine Werkstücke, die für den Verkauf bestimmt sind, unter der Anleitung des Maschinenbedieners selbst herstellen. Bei der Wartung und Reparatur von Maschinen begleitet sie ihre Kolleginnen und Kollegen und führt einfache Tätigkeiten selbstständig aus. Auch hier hat Selina noch viele Fragen und muss aufmerksam zuhören. Ihre Erfahrungen schreibt sie wieder in ihr Berichtsheft.

2 Zähle drei Aufgaben auf, die Selina im zweiten Ausbildungsjahr hat:

Das dritte Lehrjahr

Selina hatte im Laufe des zweiten Lehrjahres ihre Zwischenprüfung erfolgreich abgelegt und gezeigt, dass sie die bisherigen Anforderungen alle erfüllt. Im dritten und letzten Lehrjahr ist sie nun vor allem in der Instandsetzungsabteilung eingesetzt. Dies wird auch ihr Arbeitsplatz nach der Ausbildung sein. Selina übernimmt nun viel mehr Verantwortung. Sie leitet Auszubildende aus dem zweiten Lehrjahr bei einfachen Arbeiten an und übernimmt in Eigenverantwortung kleine Reparatur- und Wartungsaufträge. Man erwartet, dass sie diese auch in einer vorgegebenen Zeit erledigt. Ihr Berichtsheft führt sie weiter. Dieses muss sie bei ihrer Abschlussprüfung vollständig vorlegen. Wenn Selina keine Wartungsarbeiten macht, bereitet sie sich auf ihre Abschlussprüfung vor. Dazu muss sie Werkstücke in einer vorgegebenen Zeit herstellen.

3 Zähle drei Aufgaben auf, die Selina im dritten Ausbildungsjahr hat:

4 Wie hat sich die Rolle von Selina innerhalb ihrer Ausbildung verändert? Beschreibe die Veränderungen.

Im ersten Lehrjahr musste Selina hauptsächlich alles Erklärt bekommt

Im zweiten Lehrjahr durfte sie im Vergleich zum ersten Lehrjahr hat sie sich es in ein Tage buch rein geschriebe

Im dritten Lehrjahr hat Selina hatte sie sehr viel Grundwissen über den job.

5 Warum hat sich die Rolle von Selina im Laufe ihrer Ausbildung verändert? Diskutiert mögliche Gründe in eurer Klasse.

starkeSeiten: Check ✓

Kapitel 4: Im Team arbeiten

Kreuze in jedem Feld die entsprechende Anzahl der Smileys an.

Das ist mir/ihr/ihm sehr gut gelungen.	☺☺☺☺☺
Das ist mir/ihr/ihm gut gelungen.	☺☺☺☺
Das habe/hat ich/sie/er hinbekommen.	☺☺☺
Das hat mir/ihr/ihm Schwierigkeiten bereitet.	☺☺
Das ist mir/ihr/ihm nicht gelungen.	☺

Merke
- **Wenn du mindestens drei Smileys erreichst, kannst du dir im Kompetenzfeld einen Haken geben.** ✓

Schätze dich ehrlich ein. Kreuze an.

	Selbst-einschätzung:	Fremd-einschätzung:	Kompetenz-feld:
Ich kann meinen Berufswegeplan in einzelne Phasen unterteilen.	☺☺☺☺☺	☺☺☺☺☺	○ 3E
Ich kenne Teams, die mich auf meinem Weg zum Beruf unterstützen.	☺☺☺☺☺	☺☺☺☺☺	○ 2D
Ich kenne meine Rollen im Praktikum und in der Ausbildung und kann diese reflektieren.	☺☺☺☺☺	☺☺☺☺☺	○ 2E
Ich weiß, was mich als starken Teamplayer auszeichnet.	☺☺☺☺☺	☺☺☺☺☺	○ 5B
Wenn du die Portfolioseite „Was macht mich zum starken Teamplayer?“ und diese Seite ordentlich ausgefüllt und in deinen Portfolioordner eingeheftet hast, bekommst du zusätzlich einen Punkt.			○ 3A

Denke daran: Übertrage deine Checks in dein Gesamtkompetenzraster im Portfolio!

Hefte diese Seite in dein Portfoliokapitel „starkeSeiten: Check ✓“ hinter die Seite „Kapitel 3: Konflikte lösen“ ab. Trage die Seite in das Inhaltsverzeichnis ein: Kapitel 4: Im Team arbeiten

Dein Trainingsplan

Kapitel 4: Im Team arbeiten

In diesem Kapitel hast du verschiedene Teams und die Rollen, welche jede und jeder hier einnimmt, kennengelernt. Auch in eurer Klasse seid ihr ein starkes Team. Zusammen könnt ihr viel anpacken und bewegen!

Trainingsaufgabe: Post von uns
Gemeinsam könnt ihr im Team für euch und für andere Menschen Verantwortung übernehmen. In dieser Trainingsaufgabe werdet ihr für Bewohnerinnen und Bewohner eines Seniorenheimes in eurer Nähe Briefe bzw. Pakete gestalten. Anschließend werden eure „Werke“ an das Heim per Post verschickt oder persönlich übergeben.

In Seniorenheimen freuen sich viele Bewohnerinnen und Bewohner über eine positive Abwechslung in ihrem Alltag und eine persönliche Ansprache. Dies können z. B. ein schön geschriebener Brief, ein selbst gestaltetes Bild, eine selbst aufgenommene Geschichte oder kreative Do-it-yourself-Arbeiten sein.

Bevor ihr eine eigene Idee entwickelt, ist es wichtig, mit einem Seniorenheim in eurer Umgebung Kontakt aufzunehmen und abzuklären, ob an euren Ideen Interesse besteht oder die Einrichtung eigene Vorschläge hat. Hier benötigt ihr die Hilfe eurer Lehrerin oder eures Lehrers, die den Erstkontakt herstellen sollten und das Projekt begleiten. Hilfreich wäre eine Liste mit den Namen der Bewohnerinnen und Bewohner, die an euren Ideen Freude finden, damit ihr diese persönlich ansprechen könnt. Diese Übersicht müsste vom Heim für euch erstellt werden.

1 Trage hier den Namen des Seniorenheims ein: ______________________

2 Wer ist eure Kontaktperson im Heim? ______________________

3 Welche Angebote wünschen sich die Seniorinnen und Senioren?

____

____

____

____

Hefte diese Seite in dein Portfoliokapitel „Starkmacherseiten“ hinter die Seite „Starkmacherseite Kapitel 3“ ab. Trage sie zudem in das Inhaltsverzeichnis ein: Starkmacherseite Kapitel 4

4

a) Welches Angebot wollt und könnt ihr aufgrund eurer Möglichkeiten durchführen?

b) Welche Fähigkeiten benötigt ihr für das Angebot, um es durchführen zu können?

c) Welche Materialien benötigt ihr für die Durchführung?

Aufgaben können sein:
In der Vorbereitung: *klären, für wen das Angebot erstellt wird (Name Bewohner), Angebot vorbereiten (z. B. Briefe schreiben, Bilder gestalten, Tonaufnahme gestalten, basteln, …)*
In der Durchführung: *Angebot herstellen und für die Übergabe bzw. den Versand fertigstellen*
In der Nachbereitung: *einen Artikel für die Schulhomepage bzw. Zeitung schreiben, Rückmeldung geben, auswerten, …*

5 Ein Angebot organisieren und durchführen

Als Nächstes müsst ihr das Angebot organisieren. Das geht nur gemeinsam im Team. Hier übernimmt jede bzw. jeder aufgrund ihrer bzw. seiner Stärken eine Aufgabe. Wenn ihr merkt, dass ihr für das Angebot zu viele Schülerinnen und Schüler seid, könnt ihr das Angebot vielleicht auch mehrmals mit unterschiedlichen Gruppen durchführen. Tragt dann mehrere Personen bei einer Aufgabe ein.

Termin für die Fertigstellung: ____________________

Um welche Aufgabe geht es im Team?	Was ist zu tun? Was brauchen wir dafür?	Wer übernimmt die Aufgabe?	Bis wann muss die Aufgabe erfüllt werden?
1			
2			
3			
4			
5			
6			

6 Führt nun gemeinsam das Angebot durch.

7 Wertet nach der Durchführung mit folgenden Fragen das Angebot im Plenum aus:
- Welche Aufgaben haben im Team gut funktioniert?
- Wo seht ihr Verbesserungsmöglichkeiten?

Verantwortung tragen

Ich werde ...

- Fehler in einem Lebenslauf finden und korrigieren.
- meinen eigenen Lebenslauf schreiben und abspeichern.
- einen Bewerbungsflyer über mich erstellen.

1 Schaut euch die Bilder an. Welche Stärken, Fähigkeiten und Kompetenzen kann man aus den Lebenssituationen der Schülerinnen und Schüler herauslesen? Tragt oben ein.

2 Überlegt, welche der von euch gefundenen Stärken man in einen Lebenslauf oder ein Anschreiben übernehmen kann.

„Mein Lebenslauf ist meine Visitenkarte! Hier kann ich für meine Bewerbung alle meine Kenntnisse und Ergebnisse wie meinen Schulabschluss, aber eben auch meine Stärken angeben, zum Beispiel durch meine Hobbys oder mein soziales Engagement."

Was gehört alles in einen tabellarischen Lebenslauf?

Finn Müller ist 15 Jahre alt und hat am 15. November Geburtstag. Er spielt gerne Handball und ist im Hockeyverein. Sein schulisches Praktikum hat er als Tischler bei der Firma HolzProfi vom 3. bis zum 7. April 20... gemacht. Er wohnt in der Kirschgasse 7 und besucht die 9. Klasse. Seine Mutter Anna arbeitet als Verwaltungsfachangestellte. Finn hat grüne Augen; seine Lieblingsfarben sind Schwarz und Gelb, wie die Vereinsfarben von seinem Lieblingsfußballverein Borussia Dortmund. In dieser Stadt lebt er auch und besuchte dort von September 20... bis Juli 20... die Südgrundschule. Sein Vater Hannes ist Stuckateurmeister. Er interessiert sich nicht für Sport, schon gar nicht für Fußball. Finns Lieblingsfächer sind Sport, Technik und Mathe. Er hat eine Schwester, Lea. Sie ist 12 Jahre alt und geht auf die Turmrealschule. Finn besucht diese Schule seit September 20... und wird dort den mittleren Schulabschluss voraussichtlich ebenfalls im nächsten Schuljahr machen.

1 Im oben stehenden Text findest du viele Informationen über Finn. Schreibe diejenigen heraus, die Finn heute für seinen Lebenslauf nutzen kann. Rechne dabei die Jahreszahlen richtig aus!

Lebenslauf von: ______________________

Adresse: Straße: ______________________

Stadt: ______________________

Geburtsdatum: ______________________

Eltern: Vater: ______________, Beruf: ______________

Mutter: ______________, Beruf: ______________

Geschwister: ______________, Beruf: ______________

Schulbildung:

Realschule: von ______________ bis ______________

Name der Realschule: ______________, Stadt: ______________

Grundschule: von ______________ bis ______________

Name der Grundschule: ______________, Stadt: ______________

Schulabschluss: ______________________

Lieblingsfächer: ______________________

Praktika: Name des Betriebs: ______________________,

Beruf: ______________, Zeitraum des Praktikums: ______________

Hobbys: ______________________

2 Vergleicht eure Ergebnisse.

Ein perfekter Lebenslauf?

Lebenslauf von Carina

Vorname Name	Carina Wolf
Geburtstag und -ort	Düsseldorf, 12.07.2007
Staatsangehörigkeit	Deutschland
Adresse	Speyererstraße 38a
Telefon	40210 Düsseldorf
	01234 – 987 654
E-Mail	carriewolf210@mail.de
Insta / Twitter	
Eltern und Geschwister	Thorsten Wolf, arbeitssuchend Silvia Wolf, geb. Schaf, Versicherungskauffrau Leon Wolf, Baby
Schulbildung	
08/2014 – 06/2017	Grundschule St. Martin, Düsseldorf
08/2017 – 06/2023	See-Realschule, Düsseldorf
Schulabschluss 06/2023	mittlerer Schulabschluss
Lieblingsfächer	Kunst, manchmal Mathe
Praktikums	Kindergarten (1 Woche) Fahrradwerkstatt (1 Woche)
Besondere Kenntnisse:	Singen, Word, Powerpoint, Englisch
Hobbies im Verein	Singen, rausgehen, shoppen, Freunde treffen, Tischtennis

Düsseldorf, 14.06.2022 **Ort und Datum**

Unterschrift *Carina Wolf*

1 Schau dir den Lebenslauf von Carina in Ruhe an. Markiere im Lebenslauf alle Fehler, die dir auffallen.

2 Vergleicht, welche Fehler ihr entdeckt habt, und überlegt gemeinsam, wie ihr die Fehler verbessern würdet.

Aufbau eines tabellarischen Lebenslaufes

1 Lebenslauf	Hier kannst du ein Bewerbungsbild einfügen.
2 Name	Finn Müller
3 Adresse	Kirschgasse 7 44137 Dortmund Tel.: 01234 – 30061967 E-Mail: finn_mueller@email.de
4 Geburtsdatum/-ort	15. November 20… in Dortmund
5 Staatsangehörigkeit	deutsch
6 Eltern und Geschwister	Anna Müller, geb. Laudenbach, Verwaltungsfachangestellte Hannes Müller, Stuckateurmeister Schwester: Lea, Schülerin
7 Schulbildung Schulabschluss Juli 20…	 voraussichtlich mittlerer Schulabschluss
seit 09/20…	Turmrealschule in Dortmund
09/20… bis 07/20…	Südgrundschule in Dortmund
8 Lieblingsfächer	Mathematik, Technik, Sport
9 Praktika 03.04.20… bis 07.04.20…	Tischler in der Firma HolzProfi, Dortmund
10 besondere Kenntnisse Computerkenntnisse Sprachkenntnisse	Word und PowerPoint: gute Schulkenntnisse Englisch (gut in Wort und Schrift, Schulkenntnisse) Erste-Hilfe-Kurs
11 Hobbys	Hockey spielen (1. Düsseldorfer Hockeyverein), Handball, Fitness
12 Ehrenamt	Klassensprecher in Klasse 7 und 9
13 Unterschrift	*Finn Müller*
14 Ort und Datum	Dortmund, 12.07.20…

Gibt es den perfekten Lebenslauf? Ein Lebenslauf sollte zu den aktuellen formalen Vorgaben passen, dann bist du immer auf der sicheren Seite.

Achte bei deiner E-Mail-Adresse darauf, dass es eine seriöse Adresse ist. Am besten ist die Wahl deines Vor- und Nachnamens.

Folgende Angaben können, müssen aber nicht im Lebenslauf enthalten sein: Bewerbungsbild, Angabe zu Eltern und Geschwistern, Religionszugehörigkeit, Lieblingsfächer.

Solltest du dich entscheiden, ein Bewerbungsbild einzufügen, achte darauf, dass es ein aktuelles Bild ist und von einem Fotografen angefertigt wurde.

In deinem tabellarischen Lebenslauf solltest du folgende Angaben notieren:

1 Überschrift
2 Vorname und Name
3 Adresse mit Telefon und E-Mail
4 Geburtsdatum und -ort
5 Staatsangehörigkeit
6 Angaben zu Eltern und Geschwistern (freiwillig)
7 Schulbildung
8 Lieblingsfächer
9 (eventuell) Praktika
10 besondere Kenntnisse
11 Hobbys
12 Ehrenamt
13 Unterschrift
14 Ort und Datum

1 Bearbeite auf der folgenden Portfolioseite deinen Lebenslauf zuerst von Hand. Auf Seite 70 lernst du, die handschriftliche Vorlage in ein digitales Portfolio zu übertragen.

Ich gestalte meinen eigenen Lebenslauf

Name ______________________

Adresse ______________________

____

Telefon ______________________

E-Mail ______________________

Geburtsdatum / -ort ______________________

Staatsangehörigkeit ______________________

Eltern und Geschwister ______________________

____

Schulbildung

Schulabschluss ______________________

______________ ______________________

______________ ______________________

Lieblingsfächer ______________________

Praktika

______________ ______________________

______________ ______________________

besondere Kenntnisse

Computerkenntnisse ______________________

Sprachkenntnisse ______________________

sonstige Kenntnisse ______________________

Hobbys ______________________

Ehrenamt ______________________

Unterschrift
Ort und Datum ______________________

Hefte diese Seite in dein Portfoliokapitel „Arbeitsplätze und Beruf" ab. Trage sie zudem in das Inhaltsverzeichnis ein: Ich gestalte meinen eigenen Lebenslauf / Mein Lebenslauf im digitalen Portfolio

MK

Mein Lebenslauf im digitalen Portfolio

Jetzt hast du deinen handschriftlichen Lebenslauf gut vorbereitet. Viele Unternehmen verlangen diesen heute aber digital und nicht mehr per Post. Das heißt, du wirst deine Bewerbungsunterlagen später überwiegend per Mail oder online einreichen. Daher musst du deine Bewerbungsunterlagen auch digital zusammenstellen.

1 Übertrage deinen handschriftlichen Lebenslauf in das dir zur Verfügung stehende Schreibprogramm am PC.

Überschriften sollten einheitlich untereinander stehen.

Festzulegen gilt:
- **Schriftart: Diese sollte immer einheitlich sein, z. B. Arial.**
- **Schriftgröße: Die optimale Schriftgröße ist 11 oder 12.**

Lebenslauf

Name → **Tapstop nutzen** ______
Adresse ______
______
Telefon ______
E-Mail ______
Geburtsdatum / -ort ______
Staatsangehörigkeit ______
Eltern und Geschwister ______
______

Zeitliche Angaben, wie z. B. deine schulische Bildung oder Praktika, werden immer zeitlich absteigend aufgelistet. Das heißt, du beginnst immer mit der aktuellsten Angabe. ▶

Schulbildung
Schulabschluss ______
______ ______
______ ______

Lieblingsfächer ______
Praktika ______
______ ______
______ ______

besondere Kenntnisse
Computerkenntnisse ______
Sprachkenntnisse ______
sonstige Kenntnisse ______
Hobbys ______
Ehrenamt ______

Auf der Seite der Bundesagentur für Arbeit „www.planet-beruf.de" gibt es die Rubrik „Bewerbungstraining". Hier findest du eine Mustervorlage für einen Lebenslauf und auch weitere Dokumente. Diese Vorlage kannst du öffnen, mit deinen Angaben ausfüllen und dann auf deinem Rechner oder in deinem Profil abspeichern.

Deine Unterschrift: Du kannst deine Unterschrift einscannen und dann als Bild auf dem Lebenslauf einfügen (vgl. Seite 8). ▶

Unterschrift ______
Ort und Datum ______

2 Im ersten Kapitel hast du bereits diese Ordnerstruktur angelegt: Schaue auf der Seite 15 nach und lege einen neuen Ordner mit der Bezeichnung „Lebenslauf" an.

3 Speichere danach deinen Lebenslauf in diesem Ordner ab. Du musst einen Dateinamen vergeben. Dieser könnte sein: „Vorname Nachname_Lebenslauf".

Deine persönliche Visitenkarte: der Bewerbungsflyer

Eine besondere Art des Lebenslaufes bietet für dich der Bewerbungsflyer.

Was ist ein Bewerbungsflyer?
Bei diesem handelt es sich um ein gefaltetes Papier in DIN-A4-Größe, auf dem wichtige, aber auch interessante Informationen über dich ansprechend präsentiert werden. Der Flyer eignet sich besonders zur schnellen Weitergabe und zum Austausch bei Ausbildungsmessen oder bei der persönlichen Vorstellung für ein Praktikum in einem Betrieb.

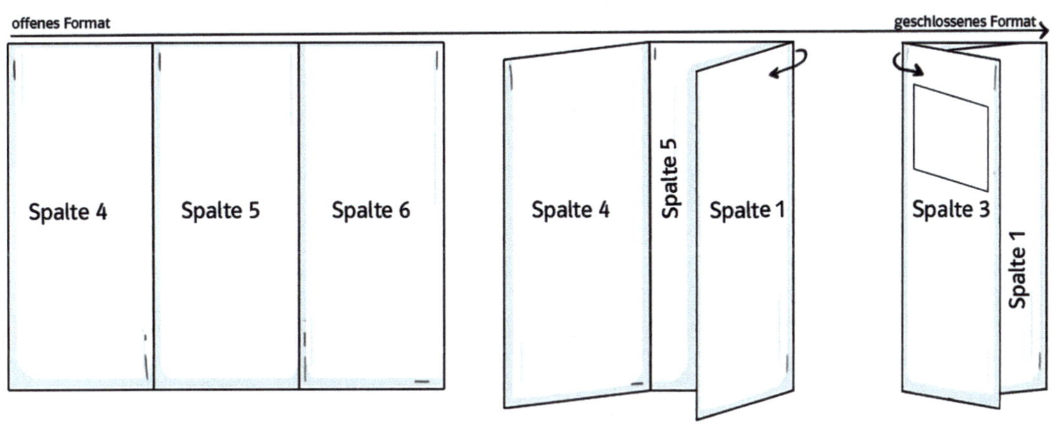

Für den Flyer wird ein DIN-A4-Blatt im Querformat in drei gleich große Teile unterteilt und gestaltet. Anschließend werden die drei Teile wie in der oben stehenden Abbildung zusammengefaltet. Fertig ist der Flyer.

Welche Inhalte befinden sich auf dem Bewerbungsflyer?
Bei einem Bewerbungsflyer sind sowohl die Vorder- wie auch die Rückseite gestaltet. Dadurch stehen auf jeder Seite jeweils drei Spalten zur Verfügung.

Auf der **Vorderseite** solltest du folgende Informationen abbilden:
Spalte 1: dein Angebot, die vollständige Bewerbung zuzustellen („Ich habe Ihr Interesse geweckt?")
Spalte 2: deine Hobbys und persönlichen Interessen
Spalte 3: dein Foto und dein Name mit deiner Adresse (Deckblatt)

Auf der **Rückseite** kannst du folgende Inhalte darstellen:
Spalte 4: deine persönlichen Stärken
Spalte 5: wichtige Daten aus deinem Lebenslauf
Spalte 6: deine schulischen Stärken (Lieblingsfächer oder Kurse, AGs)

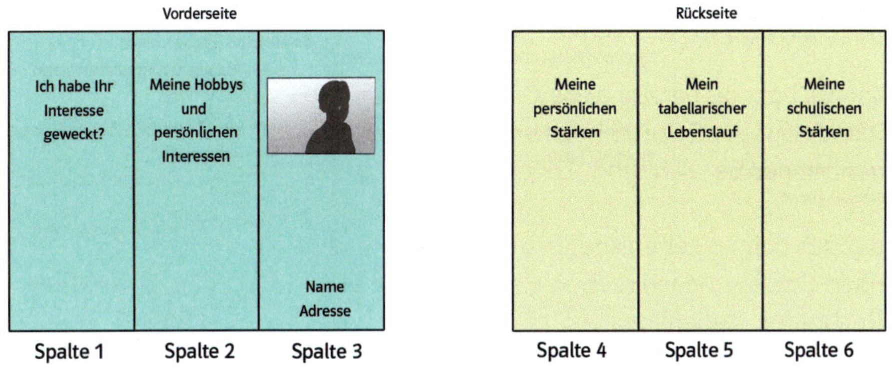

Beispiel für einen Bewerbungsflyer

Hier siehst du ein Beispiel für einen fertig gestalteten Bewerbungsflyer.
Die Vorderseite könnte so aussehen:

Ich habe Ihr Interesse geweckt?

Gerne sende ich Ihnen eine persönliche Bewerbungsmappe zu und würde mich freuen, Sie und Ihr Team persönlich kennenlernen zu dürfen.

Ihre

Anke Musterfrau

Meine Hobbys und persönlichen Interessen

Hobbys:

- Aktives Mitglied beim Deutschen Roten Kreuz, Ortsgruppe Düsseldorf-Dormagen, seit 2012
- Querflöte spielen im Musikverein Düsseldorf-Dormagen, seit 2010
- Volleyball in der Jugendmannschaft SV Düsseldorf-Dormagen, seit 2014

Interessen:

- Ich koche gerne indisch und italienisch.
- Ich lese gerne Krimis und Romane, auch in englischer Sprache.

Anke Musterfrau

Im Hubgraben 23a
40327 Düsseldorf
Fon: 0123 23344556
Mail: Anke.Musterfrau@email.de

Die Rückseite wurde folgendermaßen gestaltet:

Meine persönlichen Stärken

- Ich gehe gerne auf andere Menschen zu und bin hilfsbereit.
- Ich freue mich, wenn wir im Team zusammen etwas erreichen.
- Bei Konflikten kann ich gut zwischen den Konfliktparteien vermitteln und Streit schlichten.
- Ich bin sportlich und habe eine gute körperliche Kondition.
- Ich kann mir Melodien schnell merken und auf meiner Querflöte nachspielen.
- Ich kann mich in Deutsch und Englisch gut ausdrücken.
- Ich kann geschickt mit Werkzeugen und Materialien umgehen.

Mein Lebenslauf

Persönliche Angaben:

Name:	Anke Musterfrau
Geburtsdatum:	01.07.2004
Geburtsort:	Düsseldorf
Familienstand:	ledig

Staatsangehörigkeit:
deutsch

Schule:
2014 bis 2020
Marie-Curie-Realschule in Düsseldorf
2010 bis 2014
Theodor-Heuss-Grundschule in Düsseldorf

Schulabschluss:
Realschulabschluss voraussichtlich im Sommer 2020

Meine schulischen Stärken

Lieblingsfächer:

- Englisch und Sport

Besuchte Kurse:

- Zehn-Finger-Schreiben am PC, Schuljahr 18/19
- Grundkurse in Textverarbeitung und Tabellenkalkulation, Schuljahr 18/19
- Sommerkurs English Conversation im Sommer 2019

Schulisches Engagement:

- Ausbildung zur Streitschlichterin, Schuljahr 17/18
- Ausbildung zur Schulsanitäterin, Schuljahr 18/19

MK

Einen Bewerbungsflyer in einem Textverarbeitungsprogramm gestalten

Einen Bewerbungsflyer kannst du selbst in einem Textverarbeitungsprogramm gestalten. Bevor du den Flyer am Computer entwirfst, solltest du mithilfe der Vorlage auf Seite 75/76 deine Inhalte notieren.

Allgemeine Einstellungen im Textverarbeitungsprogramm festlegen

Hierzu musst du folgende Schritte beachten:

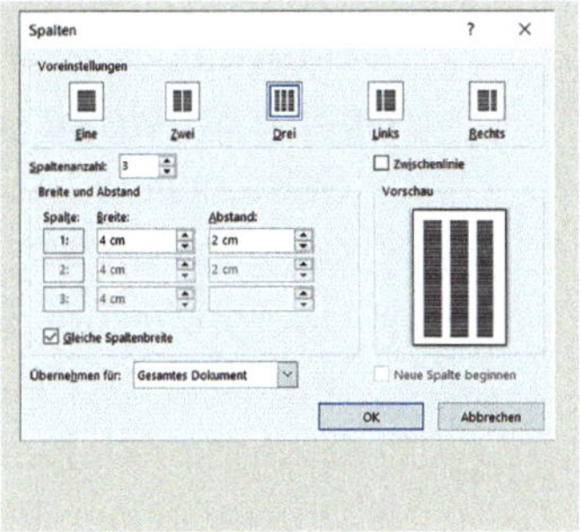

- Starte das Textverarbeitungsprogramm.
- Richte die Seite im Layout in ihrer Ausrichtung auf Querformat ein.
- Stelle alle Seitenränder (oben, unten, links und rechts) auf 1 cm Abstand ein.
- Für die Unterteilung in drei Spalten musst du unter „Format" drei Spalten auswählen. Der Abstand zwischen den einzelnen Spalten ist auf 2 cm einzustellen.

Gestaltung Spalte 1: *„Ich habe Ihr Interesse geweckt?"*

- Stelle für die Überschrift die Schriftgröße auf 24 und die Textausrichtung auf zentriert ein. Beachte, dass die Schriftart leserlich ist und im ganzen Dokument gleich bleibt.
- Füge nun die Überschrift *„Ich habe Ihr Interesse geweckt?"* hinzu.
- Stelle die Schriftgröße auf 12 um.
- Schreibe nun einen Text unter die Überschrift, wie im Beispiel dargestellt.
- Füge zwischen Text und Überschrift so viele Zeilen ein, dass hier ein Abstand entsteht.

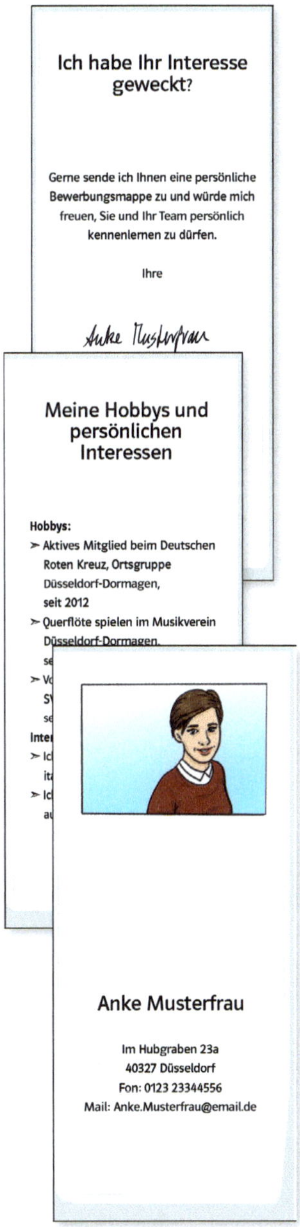

Gestaltung Spalte 2: *„Meine Hobbys und persönlichen Interessen"*

- Füge so viele Leerzeichen ein, dass du oben in Spalte 2 weiterschreiben kannst.
- Stelle für die Überschrift die Schriftgröße auf 24 um.
- Füge nun die Überschrift *„Meine Hobbys und persönlichen Interessen"* hinzu.
- Stelle dir die Schriftgröße auf 12 um und füge einige Leerzeilen ein.
- Stelle „Text linksbündig ausrichten" ein.
- Füge als Zwischenüberschrift ***„Hobbys:"*** (fett) ein und beschreibe diese. Setze vor jedes Hobby ein Aufzählungszeichen.

Gestaltung Spalte 3: *„Deckblatt mit Name und Adresse"*

- Füge so viele Leerzeichen ein, dass du im oberen Bereich der Spalte 3 dein Foto einfügen kannst. Füge das Foto ein.
- Stelle für die Überschrift die Schriftgröße auf 24 und „Text zentriert" um.
- Füge einige Leerzeichen ein.
- Gestalte nun deinen Namen und die Angaben zur Adresse. Stelle hier die Schrift entsprechend wieder kleiner.

Gestaltung Spalte 4: *„Meine persönlichen Stärken“*

- Füge so viele Leerzeichen ein, dass eine neue Seite entsteht und du oben in Spalte 4 weiterschreiben kannst.
- Stelle für die Überschrift wieder die Schriftgröße auf 24 um und füge die Überschrift ***„Meine persönlichen Stärken“*** hinzu.
- Stelle die Schriftgröße auf 12 und „Text linksbündig ausrichten“ um. Füge einige Leerzeilen ein.
- Gestalte nun den Text zu deinen persönlichen Stärken. Setze vor jede Stärke ein Aufzählungszeichen.

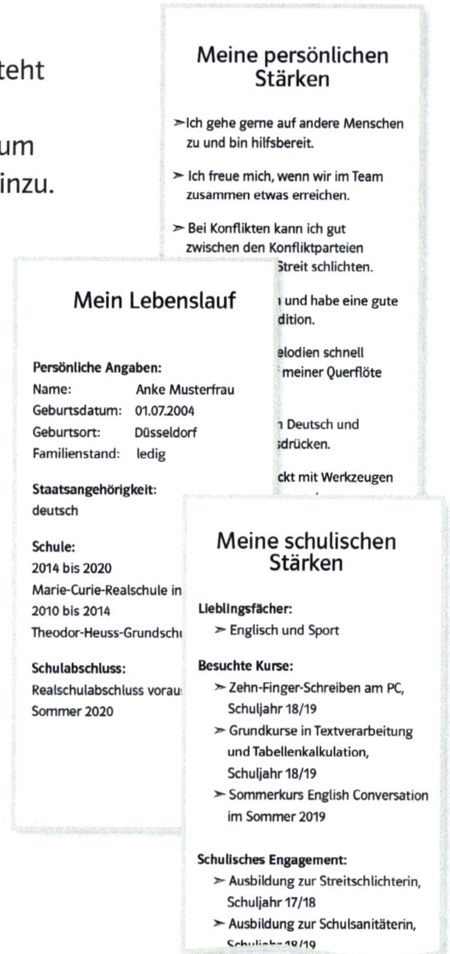

Gestaltung Spalte 5: *„Mein Lebenslauf“* und Spalte 6: *„Meine schulischen Stärken“*

- Gehe bei der Gestaltung der letzten beiden Spalten genauso vor wie bei den Spalten 1 bis 4.
- Überprüfe zum Schluss dein Dokument über die automatische Rechtschreibprüfung auf Rechtschreib- und Grammatikfehler.
- Drucke deinen Flyer einmal aus und überprüfe diesen selbst auf Rechtschreib- und Grammatikfehler.
- Lass das Dokument zusätzlich durch eine Partnerin bzw. einen Partner und durch deine Lehrerin bzw. deinen Lehrer auf Fehler überprüfen.
- Verbessere die Fehler und speichere den Flyer in deinem digitalen Portfolio im Ordner „Bewerbung“ ab.

Fertigstellung des Bewerbungsflyers

- Drucke nach Möglichkeit den Flyer auf ein Papier mit einem höheren Gewicht aus. Dies kann z. B. ein 120-Gramm-Papier sein. Das Papier fühlt sich hochwertiger an und die Schrift der Rückseite scheint nicht auf die Vorderseite durch.
- Miss vom rechten Blattrand 9,7 cm ab. Setze mit einem kleinen Bleistiftstrich oben eine kleine Markierung (siehe Abbildung 1).
- Drehe das Blatt nun um und falte entlang der Markierung Spalte 3 nach innen. Streiche den Papierrücken glatt (siehe Abbildung 2).
- Falte die Spalte 3 wieder auf. Du siehst jetzt einen Falz.
- Falte nun die Spalte 1 bis zum Falz nach innen und streiche den Papierrücken glatt (siehe Abbildung 3).
- Du kannst jetzt Spalte 3 wieder nach innen einschlagen (siehe Abbildung 4).

Der Flyer ist nun fertig!

Abbildung 1

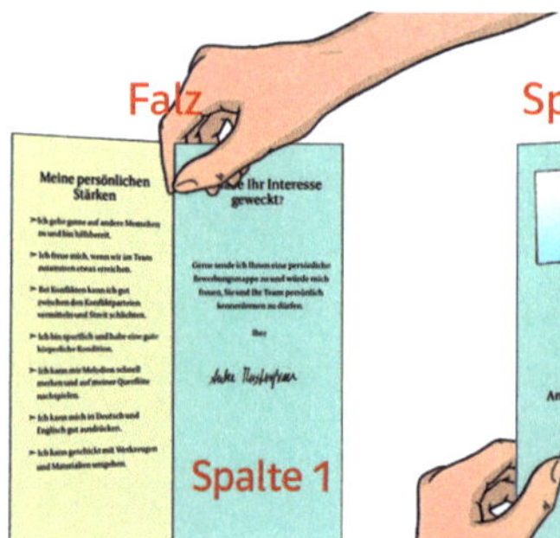

Abbildung 2

Abbildung 3

Abbildung 4

Meinen Bewerbungsflyer handschriftlich vorbereiten

Vorname Name

Straße Hausnummer

PLZ Ort

Telefonnummer

Mailadresse

Meine Hobbys und persönlichen Interessen

Hobbys:

>
>
>
>

Interessen:

>
>
>
>

Ich habe Ihr Interesse geweckt?

Gerne sende ich Ihnen eine persönliche Bewerbungsmappe zu und würde mich freuen, Sie und Ihr Team persönlich kennenlernen zu dürfen.

Ihr(e)

Unterschrift

Hefte diese Seite in dein Portfoliokapitel „Arbeitsplätze und Berufe“ ab. Trage sie zudem in das Inhaltsverzeichnis ein: Meinen Bewerbungsflyer handschriftlich vorbereiten

Meine persönlichen Stärken

➢ ______________________

____

____

➢ ______________________

____

____

➢ ______________________

____

____

➢ ______________________

____

____

➢ ______________________

____

____

Mein Lebenslauf

Persönliche Angaben:

Name: ______________________

Geburtsdatum: ______________________

Geburtsort: ______________________

Familienstand: ledig

Staatsangehörigkeit: ______________________

Schule:

__________ bis __________

____

__________ bis __________

____

__________ bis __________

____

Schulabschluss:

______________________ abschluss

voraussichtlich im Sommer __________

Meine schulischen Stärken

Lieblingsfächer:

____

Besuchte Kurse:

➢ ______________________

➢ ______________________

➢ ______________________

➢ ______________________

➢ ______________________

Schulisches Engagement:

➢ ______________________

➢ ______________________

➢ ______________________

➢ ______________________

➢ ______________________

starkeSeiten: **Check** ✓

Kapitel 5: Verantwortung tragen

Kreuze in jedem Feld die entsprechende Anzahl der Smileys an.

Das ist mir/ihr/ihm sehr gut gelungen.	☺☺☺☺☺
Das ist mir/ihr/ihm gut gelungen.	☺☺☺☺
Das habe/hat ich/sie/er hinbekommen.	☺☺☺
Das hat mir/ihr/ihm Schwierigkeiten bereitet.	☺☺
Das ist mir/ihr/ihm nicht gelungen.	☺

Merke

- **Wenn du mindestens drei Smileys erreichst, kannst du dir im Kompetenzfeld einen Haken geben.** ✓

Schätze dich ehrlich ein. Kreuze an.

	Selbst-einschätzung:	Fremd-einschätzung:	Kompetenz-feld:
Ich kenne den formalen zweckentsprechenden Aufbau von Texten (Lebenslauf) und kann darin Fehler finden und verbessern.	☺☺☺☺☺	☺☺☺☺☺	○ 1E
Ich kann meinen Lebenslauf selbstständig und fehlerfrei schreiben.	☺☺☺☺☺	☺☺☺☺☺	○ 1E
Ich kann meinen Lebenslauf am PC schreiben, formatieren und abspeichern.	☺☺☺☺☺	☺☺☺☺☺	○ 1E
Ich kann mithilfe einer Anleitung einen Bewerbungsflyer mit meinen Angaben erstellen.	☺☺☺☺☺	☺☺☺☺☺	○ 1E
Wenn du die Portfolioseiten „Ich gestalte meinen eigenen Lebenslauf", „Mein Lebenslauf im digitalen Portfolio", „Meinen Bewerbungsflyer handschriftlich vorbereiten" und diese Seite ordentlich ausgefüllt und in deinen Portfolioordner eingeheftet hast, bekommst du zusätzlich einen Punkt.			○ 3A

Denke daran: Übertrage deine Checks in dein Gesamtkompetenzraster im Portfolio!

Hefte diese Seite in dein Portfoliokapitel „starkeSeiten: Check ✓" hinter die Seite „Kapitel 4: Im Team arbeiten" ab. Trage die Seite in das Inhaltsverzeichnis ein: Kapitel 5: Verantwortung tragen

MK

Dein Trainingsplan

Kapitel 5: Verantwortung tragen

Ein Lebenslauf ist bei einer Bewerbung wie ein Aushängeschild deiner Person. In diesem Kapitel hast du gelernt, wie du verschiedene Arten dieser Selbstdarstellung gestalten kannst. Doch welche weiteren Informationen können Firmen, bei denen du dich beworben hast, in sozialen Netzwerken und im Internet über dich finden?

Trainingsaufgabe: Mein Ich im Internet

Wir alle hinterlassen bewusst oder unbewusst Spuren im Internet. Vielleicht haben wir vom letzten Urlaub oder von der letzten Party Fotos und Kommentare in sozialen Netzwerken hinterlassen. Eigentlich sind diese Informationen für unsere Bekannten und Freunde bestimmt, mit denen wir diese gerne teilen wollen. Viele Menschen wissen allerdings nicht, dass diese persönlichen Informationen oft frei und für alle Nutzer dieser Seiten zugänglich sind – also für jede und jeden, die bzw. der nach diesen sucht. Manche Firmen machen sich dies zunutze und suchen gezielt im Internet nach Informationen zu ihren Bewerberinnen und Bewerbern. So kann das lustige Foto von der letzten Party schnell zu einem peinlichen Auftritt werden.

1 Durchsuche verschiedene soziale Netzwerke und Suchmaschinen nach Fotos, Texten und Kommentaren von dir. Welche Medien findest du über dich? Welche Aussagen vermitteln diese gegenüber fremden Betrachterinnen und Betrachtern? Wenn du dir unsicher bist, kann dir eine erwachsene Person deines Vertrauens eine Rückmeldung geben. Welche der folgenden Aussagen könnten zutreffen? Kreuze an:

○ übt sein Hobby aus ○ schlägt gerne über die Stränge ○ kommt sehr cool rüber
○ hat viele Freunde ○ lästert gerne über andere ○ ist für jeden Spaß zu haben
○ konsumiert Drogen ○ hängt gerne mit Freunden ab ○ ist ein Familienmensch
○ ist hilfsbereit ○ feiert gerne Partys ○ über mich gibt es keinerlei Medien im Internet

2 Unterstreiche die Aussagen rot, die du angekreuzt hast und die auf eine Person, die dich nicht kennt, negativ wirken könnten.

3 Diskutiere deine Ergebnisse mit einer Partnerin bzw. einem Partner und vergleicht diese.

4 Überlegt gemeinsam: Wie kannst du deine Privatsphäre im Internet schützen, sodass Außenstehende nur die Informationen von dir sehen, die du weitergeben möchtest? Notiere hier drei Maßnahmen. Überlege, wie du diese umsetzen kannst.

1. ______________________________

2. ______________________________

3. ______________________________

Hefte diese Seite in dein Portfoliokapitel „Starkmacherseiten" hinter die Seite „Starkmacherseite Kapitel 4" ab. Trage sie zudem in das Inhaltsverzeichnis ein: Starkmacherseite Kapitel 5

6

Betriebe finden

Ich werde ...

- Stellenanzeigen suchen, lesen und verstehen.
- mithilfe der AIDA-Regel ein Bewerbungsschreiben formulieren.
- das Online-Assessment kennenlernen und erste Übungen durchführen.
- ein Vorstellungsgespräch vorbereiten.

1 Welche Suchmöglichkeiten werden von den drei Jugendlichen genannt?

2 Kennt ihr weitere Suchmöglichkeiten für Ausbildungsstellen? Sammelt die Ideen an der Tafel.

3 Welche Ideen habt ihr, damit man bei der Suche nach Ausbildungsplätzen nicht den Überblick verliert, vor allem, wenn man verschiedene Lehrstellenbörsen und Angebote nutzt?

Ausbildungsalternativen

Folgende Ausbildungsalternativen bieten sich für den Beruf Kraftfahrzeugmechatroniker/in mit dem Schwerpunkt Personenkraftwagentechnik an:

Bereich Auto und Straßenverkehr

- ☑ Kraftfahrzeugmechatroniker/in Schwerpunkt Karosserietechnik
- ☑ Kraftfahrzeugmechatroniker/in Schwerpunkt Nutzfahrzeugtechnik
- ☑ Kraftfahrzeugmechatroniker/in Schwerpunkt Motorradtechnik
- ☑ Kraftfahrzeugmechatroniker/in Schwerpunkt System- und Hochvolttechnik
- ☑ Karosserie- und Fahrzeugbaumechaniker/in Fachrichtung Karosserie- und Fahrzeugbautechnik
- ☑ Karosserie- und Fahrzeugbaumechaniker/in Fachrichtung Karosserieinstandhaltungstechnik
- ☑ Land- und Baumaschinenmechatroniker/in
- ☑ Metallbauer/in Fachrichtung Nutzfahrzeugtechnik

Gemeinsamkeit:

- Fahrzeuge oder Fahrzeugbauteile montieren, warten, reparieren und instand halten

„Bei meinem Wunschberuf gibt es verschiedene Schwerpunkte. So habe ich noch mehr Auswahlmöglichkeiten und erhöhe meine Chancen auf einen Ausbildungsplatz."

MK Betriebe finden

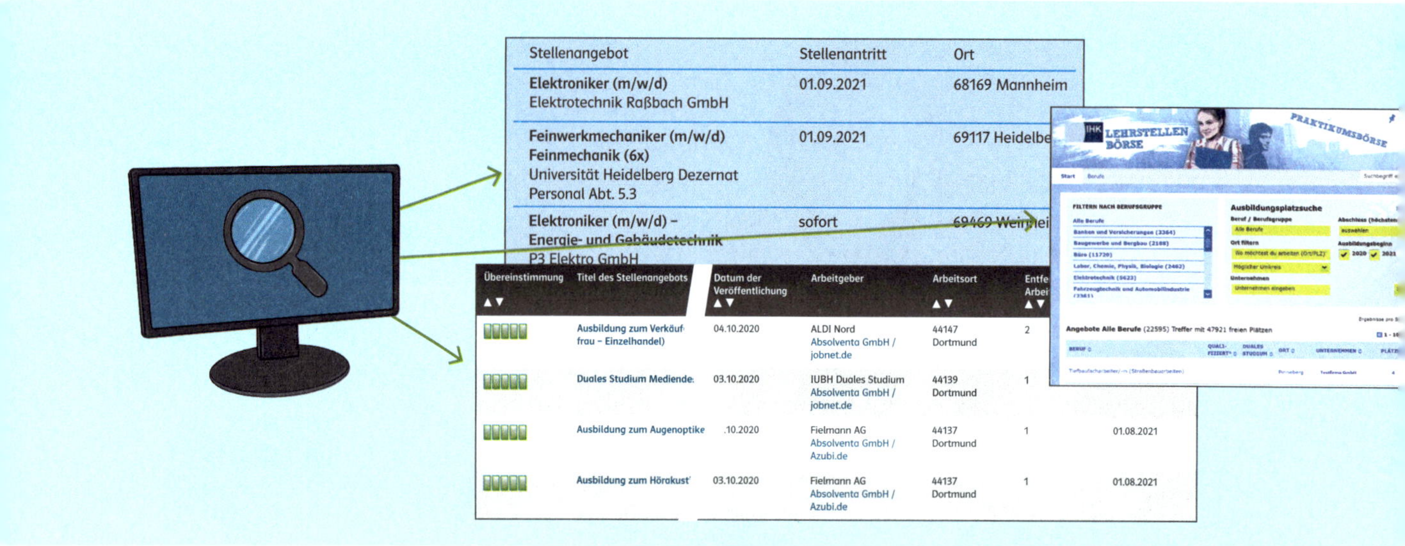

Liam hat bei seiner Recherche nach Ausbildungsangeboten für seinen Wunschberuf „KFZ-Mechatroniker" herausgefunden, dass es

a) unterschiedliche Schwerpunkte in diesem Beruf gibt, z. B. Nutzfahrzeugtechnik, PKW-Technik, Motorradtechnik, Land- & Baumaschinentechnik, …

b) verschiedene Lehrstellenbörsen gibt, in denen er Angebote finden kann.

1 Welche Seiten im Internet kennst du, um direkt nach Ausbildungsangeboten zu suchen?

____

____

____

2 Ergänzt eure Ergebnisse gemeinsam.

____

____

____

____

____

____

____

Wenn du in einer allgemeinen Suchmaschine den Begriff „Ausbildung", deinen Wohnort und deinen Wunschberuf eingibst, erhältst du auch Ergebnisse. Diese sind jedoch oft ungenau oder nicht aktuell. Die besten Ergebnisse erhältst du mit einer gezielten Suche über die Lehrstellen- und Jobbörsen der Agentur für Arbeit und der Kammern.

Bei Stellenanzeigen den Durchblick behalten

Je früher du mit deiner Suche nach Ausbildungsangeboten beginnst, desto mehr Ergebnisse wirst du erhalten. Da kann man schnell den Überblick verlieren, auch wenn man sich die Angebote aufschreibt oder abfotografiert!
In den vorherigen Kapiteln hast du immer wieder daran gearbeitet, deine Dokumente nach einem bestimmten Schema zu strukturieren. Jetzt geht es darum, auch deine Suchergebnisse zu Ausbildungsangeboten zu strukturieren.

1 Auf Seite 85 findest du zwei Stellenanzeigen. Lies sie dir gründlich durch und überlege, welche Kriterien (Überschriften in den Spalten) du benötigst, um eine Tabelle zu erstellen. Die Tabelle soll dir helfen, den Überblick über deine Ausbildungsangebote und Bewerbungen zu behalten. Notiere hier zunächst Stichworte:

Beruf, ______________________________

____

2 Versuche nun, eine sinnvolle Reihenfolge für die Überschriften zu finden, um eine Tabelle zu erstellen.

Beruf									

3 Vergleicht eure Ergebnisse. Ergänzt gegebenenfalls in eurer Tabelle fehlende Inhalte.

4 Erstelle mithilfe deiner Vorlage nun am PC mit einem Tabellenprogramm eine Tabelle, um deine Ausbildungsangebote und deine Bewerbungsaktivitäten übersichtlich darzustellen. Auf der Rückseite findest du ein Beispiel, wie deine Tabelle später aussehen kann. Speichere die Tabelle in deinem digitalen Portfolio im Ordner „Bewerbung“ ab.

Anbieter ermöglichen es heute, Dateien auch auf mobilen Endgeräten zu synchronisieren und anzuzeigen. Wenn du also nicht immer einen PC zur Verfügung hast, dann nutze dein Handy, um deine Tabelle immer aktuell zu halten. Dein Handy hast du meistens direkt bei dir und damit auch Zugriff auf deine Übersichtstabelle 🙂.

- *Schicke mehrere Bewerbungen parallel ab, um keine Zeit zu verlieren - gerne auch zu inhaltlich ähnlichen Berufen!*
- *Denke an Bewerbungsfristen!*
- *Große Unternehmen, Banken, Versicherungen, Kommunen und Gemeinden veröffentlichen ihre Angebote immer schon früh!*

Hefte diese Seite in dein Portfoliokapitel „Arbeitsplätze und Berufe“ ab. Trage sie zudem in das Inhaltsverzeichnis ein: Bei Stellenanzeigen den Durchblick behalten / Meine Bewerbungsübersicht

Meine Bewerbungsübersicht

Du kannst diese Tabelle auch handschriftlich ausfüllen.

Beruf	Firma	Ansprech-person	Anschrift / Kontakt	Datum und Art der Bewerbung (Post, Mail, …)	Online-test	Test vor Ort	Vorstellungs-gespräch	Praktikum	Ergebnis

Stellenanzeigen richtig lesen und damit arbeiten

Angebots-Nr.: 118-150577-902136

Schwerpunkt: Nutzfahrzeugtechnik

Schulabschluss wünschenswert:
Mittlerer Abschluss oder vergleichbar

Beginn: 01. August 2022 / **angebotene Plätze:** 1

Weitere Vorqualifikation: Mathematik-, Deutsch- und Physiknote: 3, technisches Geschick

Stellenbeschreibung:
Die **Re**cycling **Co**mpany **Do**rtmund GmbH ist ein kommunales Entsorgungs- und Reinigungsunternehmen in der Region Dortmund und Teil des Konzerns ReCoDo Holding. Die ReCoDo bietet einen umfassenden Service in den Bereichen Entsorgungswirtschaft, Straßenreinigung, Winterdienst und Pflege des Straßenbegleitgrüns. Mit rund 1.000 Beschäftigten steht der Konzern für eine nachhaltige Sicherung der Daseinsvorsorge. Er ist kompetenter Partner für Kommunen, private und gewerbliche Kunden bei der Vermeidung, Verwertung sowie Beseitigung von Abfällen und betreibt hochwertige Sortier- und Verbrennungsanlagen.
Zur Verstärkung unseres Teams suchen wir zum 1. August 2022 engagierte Auszubildende für den Beruf „Kraftfahrzeugmechatroniker/in (w/m/i) Schwerpunkt Nutzfahrzeugtechnik". Alle Informationen zur Ausbildung finden Sie unter https://www.ReCoDo.de/karriere.

Die Ausbildungsinhalte bei uns:
Wir verfügen über mehr als 260 Fahrzeuge – und jedes ist ein Spezialfahrzeug, das teilweise ebenso viel kostet wie ein großzügiges Einfamilienhaus. Nach Ihrer Ausbildung zum Kfz-Mechatroniker (w/m/i) für Nutzfahrzeugtechnik haben Sie die Verantwortung für die technischen Belange unseres Fuhrparks: Sie warten unsere Fahrzeuge, setzen sie instand und rüsten sie bei Bedarf mit technisch anspruchsvollen Aufbauten, Anhängern und Zusatzsystemen aus. Außerdem diagnostizieren und prüfen Sie nach Abschluss Ihrer Ausbildung zum Mechatroniker (w/m/i) elektrische, elektronische und mechanische Systeme, stellen dabei fest, ob Fehler oder Störungen vorliegen, und beheben ihre Ursachen. Die hochkomplexen mechatronischen Systeme, mit denen unsere modernen LKWs ausgerüstet sind, bieten eine hervorragende Lerngrundlage. So eignen Sie sich während Ihrer Ausbildung wichtiges Fachwissen nicht nur auf dem Gebiet der Mechanik und Elektronik, sondern auch in den Bereichen Hydraulik und Pneumatik an.

Das bringen Sie mit:
Schulnoten: Deutsch: 3, Mathe: 3, Physik: 3

Persönliche Stärken:
- Sorgfalt und Genauigkeit
- Motivation und Leistungsbereitschaft
- Analyse- und Problemlösefähigkeit
- technisches Geschick und Lernbereitschaft
- Zuverlässigkeit und Teamfähigkeit
- eigenständiges Arbeiten
- Führerscheinklasse B wünschenswert

Bei Interesse an einer Ausbildung bei uns freuen wir uns bis spätestens zum 24. Oktober 2021 über Ihre Bewerbung (inkl. Anschreiben, Lebenslauf und letztes Schulzeugnis).

Angebots-Nr.: 181-253047-904578

Schwerpunkt: System- und Hochvolttechnik

Schulabschluss wünschenswert: (qualifizierter) Hauptschulabschluss oder vergleichbar

Beginn: 09. August 2022 / **angebotene Plätze:** 8

Du hast überdurchschnittliche Kenntnisse in Physik und Mathematik und jede Menge technisches Verständnis? Dann gib Gas! Mit einem guten Hauptschulabschluss, Mittlerer Reife oder Abitur kannst du dich sofort bei uns bewerben. Idealerweise ist außerdem dein Farbsehvermögen sicher. Wenn du jetzt noch gerne zuverlässig und verantwortungsvoll arbeitest, freuen wir uns schon darauf, dich in unserem Team begrüßen zu dürfen. Menschen mit Behinderungen sind bei uns besonders willkommen.

Stellenbeschreibung:
Hochwertige Fahrzeuge der Premiumklasse begeistern dich? Dann bewirb dich auf eine Ausbildung als Kraftfahrzeugmechatroniker (m/w/d) für System- und Hochvolttechnik bei uns. Während deiner 3,5-jährigen Ausbildungszeit dreht sich für dich dann alles um Diagnose, Wartung und Einstellung von Automobilen und mechatronischen Systemen. Dazu gehören neben Bremsen und Lenkung natürlich auch Automatikgetriebe, Fahrwerk und Motormanagement. Besondere Schwerpunkte liegen auf vernetzten Systemen, Hochvoltsystemen sowie Komfort- und Sicherheitssystemen. Auch mit drahtlosen Signalübertragungssystemen kennst du dich bald bestens aus. Montage, Demontage und Instandhaltung von Bauteilen, Baugruppen und Systemen – das alles lernst du während deiner Ausbildung. Ebenso fallen die Diagnose von Fehlern und Störungen, die Auswertung von Ergebnissen sowie Fahrzeuguntersuchungen nach straßenverkehrsrechtlichen Vorschriften in deinen Fachbereich. Ergänzt wird dein Fachwissen durch die Kommunikation mit externen und internen Kunden.

Bitte bewirb dich ausschließlich online unter www.autovertrieb-Schimi.com/karriere.
Für eine vollständige Bewerbung benötigen wir deinen Lebenslauf und deine zwei letzten Schulzeugnisse.

Es sind auch Einsätze in unseren Standorten Solingen und Remscheid möglich.

1 Mithilfe der vorherigen Portfolioseite hast du bereits eine Tabelle erstellt, um den Überblick über deine Bewerbungen zu behalten. Überlege nun, welche Informationen aus den Stellenanzeigen du in einem Anschreiben aufgreifen solltest, und unterstreiche diese Informationen.

2 Vergleicht eure Ergebnisse. Könnt ihr Unterschiede in den Stellenanzeigen finden?

Bewerbungsanschreiben auf eine Stellenanzeige anpassen

Wenn du das Wort „Bewerbung“ aufmerksam liest, stellst du fest, dass darin das Wort „Werbung“ steckt. Und so ist es auch: Deine Bewerbung ist Werbung in eigener Sache! Damit deine Bewerbung nicht in der Masse aller Bewerbungen, die die Unternehmen täglich bekommen, untergeht, kannst du deswegen auch eine Methode aus der Werbung anwenden: die AIDA-Regel.

Methode: AIDA-Regel für Bewerbungen

Bereits im Jahr 1898 entwickelte der amerikanische Marketing-Spezialist Elmo Lewis im Bereich der Werbepsychologie das AIDA-Modell. Das Wort AIDA ist ein „Akronym“. Das bedeutet, die Buchstaben stehen jeweils für den Anfangsbuchstaben eines anderen Wortes: **A**ttention–**I**nterest–**D**esire–**A**ction. In der Werbepsychologie geht es darum, dass die Käuferin bzw. der Käufer eine positive Kaufentscheidung trifft. Bei deiner Bewerbung geht es darum, dass Personalverantwortliche sich aufgrund deiner Bewerbungsunterlagen dazu entscheiden, dich in die nächste Auswahlrunde einzuladen, z. B. zu einem Vorstellungsgespräch.

Attention	Interest	Desire	Action

Aufmerksamkeit erzeugen	Interesse wecken	Verlangen auslösen	Handlung provozieren
eignet sich für die Betreffzeile oder den ersten Satz des Anschreibens	eignet sich für den ersten Satz oder ersten Abschnitt des Anschreibens	eignet sich für den Hauptteil des Anschreibens	eignet sich für den letzten Abschnitt oder Satz im Anschreiben

1 Sieh dir die Aussagen oder Beispiele auf dieser und der folgenden Seite an. Notiere davor jeweils die ersten beiden Anfangsbuchstaben der passenden Phase aus dem AIDA-Modell.

In der Werbung wird gerne mal übertrieben. Dies solltest du bei deiner Bewerbung auf keinen Fall tun! Wichtig ist, dass du „du selbst“ bleibst, authentisch und glaubhaft. Übertreibungen oder Unwahrheiten in einer Bewerbung werden von Personalverantwortlichen meistens entdeckt.

Autos sind meine Leidenschaft und ich hatte schon immer Spaß daran, mich mit der Automobiltechnik und Reparaturen zu beschäftigen.

Ich bin motiviert, den Einstieg ins Berufsleben zu schaffen, und möchte mein Leben in die eigene Hand nehmen. Da praktisches Arbeiten genau mein Ding ist, bewerbe ich mich zur/zum …

Vielen Dank für das freundliche Gespräch auf der Ausbildungsmesse am xx.yy....

Auf Ihrer Homepage beschreiben Sie, dass der hingebungsvolle Service am Gast Ihnen sehr wichtig ist, da er den Zauber Ihres Hauses ausmacht und ihm so seinen ganz besonderen Charakter verleiht. Gerne möchte ich als zukünftige Auszubildende mit meiner Arbeit dazu beitragen, für Ihre Gäste einen Ort zu schaffen, an dem sie glückliche Momente erleben.

Habe ich Sie auf mich neugierig gemacht? Laden Sie mich gerne zu einem Vorstellungsgespräch ein.

In den vergangenen zwei Schuljahren habe ich mich ehrenamtlich als Jugendbegleiter engagiert und konnte hier meine Teamfähigkeit und meine Zuverlässigkeit zeigen.

Zu meinen Aufgaben gehörte die Mithilfe beim Aus- und Einbau eines Motors sowie die Kontrolle von Bremsen. Mit einem Diagnosegerät habe ich Fehlermeldungen ausgelesen. Ich habe Reifenprofile gemessen sowie den Reifendruck überprüft und bei Bedarf angepasst.

Bewerbung um eine Ausbildung zur/zum ...

Gerne biete ich Ihnen ein vorheriges Praktikum zum gegenseitigen Kennenlernen an und freue mich über die Einladung in Ihr Auswahlverfahren.

Viele Jugendliche möchten sich auf mehrere Ausbildungsangebote bewerben, müssen also mehrere Bewerbungen erstellen. Dominik und Bünyamin möchten sich für die Ausbildung zum KFZ-Mechatroniker bewerben.

Ich werde ein Anschreiben verfassen, das ich immer wieder verwenden kann. Damit kann ich mehr Bewerbungen in kurzer Zeit verschicken.

Die Unternehmen sind unterschiedlich. Deswegen passe ich meine Anschreiben an die Stellenausschreibungen an, auch wenn ich dafür mehr Zeit benötige.

Bünyamin

Dominik

2 Schaut euch die Aussagen von Dominik und Bünyamin an. Überlegt, wer von beiden die bessere Strategie verfolgt, und begründet eure Aussagen.

3 Können beide bei ihrer Strategie das AIDA-Modell anwenden? Überlegt gemeinsam.

Vorbereitung eines Anschreibens mit der AIDA-Formel

1 Wähle für diese Übung den Beruf „Kauffrau / Kaufmann für Büromanagement“ aus. Suche über Lehrstellenbörsen der Kammern oder die Jobbörse der Agentur für Arbeit oder auf der Homepage eines Unternehmens nach einem für dich interessanten Ausbildungsangebot für den oben genannten Beruf in deiner Umgebung.

2 Versuche zunächst handschriftlich, Sätze für die jeweilige AIDA-Phase zu formulieren.

Attention

Korrektur / Verbesserung

Interest

Korrektur / Verbesserung

Desire

Korrektur / Verbesserung

Action

Korrektur / Verbesserung

3 Tauscht eure Formulierungen mit einer Partnerin bzw. einem Partner aus und gebt euch gegenseitig Feedback.

4 Verbessere gegebenenfalls noch einmal deine Formulierungen in der Korrekturzeile.

Ein Anschreiben nach der AIDA-Regel

Jetzt hast du ein Anschreiben mithilfe der AIDA-Formel (Seite 88) vorbereitet. Wie du bereits erfahren hast, verlangen viele Unternehmen deine Bewerbungsunterlagen digital. Daher wirst du nun dein Anschreiben digital erstellen und speichern.

1 Öffne am PC ein Textbearbeitungsprogramm und übertrage deine handschriftlichen Formulierungen für das Anschreiben. Hier siehst du ein Bewerbungsbeispiel:

Festzulegen gilt:
- **Schriftart: Diese sollte sowohl im Anschreiben als auch im Lebenslauf immer einheitlich sein, z. B. Arial.**
- **Schriftgröße: Die optimale Schriftgröße ist 11 oder 12.**

1 Deine Kontaktangaben müssen aktuell sein, besonders deine Telefonnummer. Deine E-Mail-Adresse sollte seriös klingen und du solltest dein Passwort wissen.

2 Achte darauf, die richtige Ansprechperson bei der Anrede zu benennen.

3 Das Datum sollte mit dem Datum des Lebenslaufes übereinstimmen und aktuell sein.

4 Du kannst deine Unterschrift einscannen und dann als Bild auf dem Anschreiben einfügen (vgl. Seite 8).

1 Jessica Becker | Fantasiastraße 9 | 67899 Mannheim
Jessica.Becker@gmail.com | 06 21 / 123 456 78

2 K&U Bäckerei GmbH
Frau xy
Otto-Lilienthal-Straße 1
79395 Neuenburg

3 Mannheim, 01.01.2022

Bewerbung um eine Ausbildung zur Fachverkäuferin im Lebensmittelhandwerk / Bäckerei

2 Sehr geehrte Frau xy,

Teigexpertin, Brezelsnackerin, Ordnungshüterin, Krustenknusperin und Brötchengeberin – all das möchte ich nach meinem Schulabschluss werden. Durch ein erstes Praktikum in einer Bäckerei habe ich mich in meiner Berufswahl überzeugen können und bewerbe mich um eine Ausbildung in einer Ihrer Mannheimer Filialen für den Ausbildungsbeginn im Herbst 2022.

Zurzeit besuche ich die 10. Klasse im Realschulbereich an der Integrierten Gesamtschule Mannheim-Herzogenried. Ich werde die Schule im Juli 2022 mit der Mittleren Reife beenden.

Bereits in der Schule habe ich erste Erfahrungen im Zubereiten von Snacks und deren Verkauf als aktives Mitglied in der Schülercafé-AG erworben. Während meines Praktikums in einer Bäckerei habe ich im Verkauf mitgeholfen, Teigrohlinge aufgebacken und Snacks sowie belegte Brötchen hergestellt und bei der Inventur geholfen. Die vielseitigen Aufgaben und der Kontakt zu den Kunden haben mir viel Freude bereitet. Gerne biete ich Ihnen daher vorab ein weiteres Praktikum an, um K&U als Ausbildungsbetrieb besser kennenzulernen und mich Ihnen als zukünftige Auszubildende vorzustellen.

Sowohl in der Schule, aber besonders bei meinen Praktika wurde meine Einsatzbereitschaft lobend erwähnt. Meine Praktikumsanleiter schätzten meine Hilfsbereitschaft und meine Teamfähigkeit und meine Fähigkeit, mich schnell in neue Aufgaben einzuarbeiten und diese selbstständig durchzuführen. Ich sehe, wo ich unterstützend eingreifen kann, und lege Wert auf einen freundlichen Umgang mit Kollegen und Kunden.

Gerne stelle ich mich Ihnen bei einem persönlichen Gespräch vor und freue mich über die Möglichkeit, vorab ein Praktikum bei K&U absolvieren zu können. Über eine Einladung in Ihr Auswahlverfahren freue ich mich daher sehr.

Mit freundlichen Grüßen

4 *Unterschrift*

2 Im ersten Kapitel hast du bereits diese Ordnerstruktur angelegt: Schau auf der Seite 15 noch einmal nach und lege einen neuen Ordner mit der Bezeichnung „Anschreiben“ an.

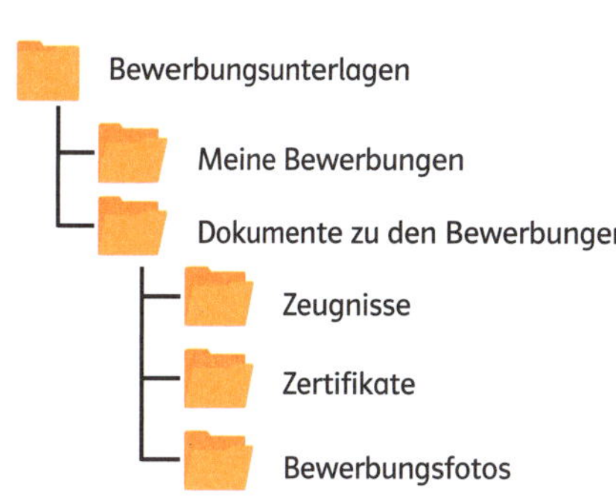

3 Speichere danach dein Anschreiben in diesem Ordner ab. Du musst einen Dateinamen vergeben. Dieser könnte sein: „Vorname Nachname_Anschreiben Büromanagement_Firma“.

So lieber nicht!

Marlon ist der Meinung, dass er jetzt genug geübt hat. Nun will er sich endlich um eine Ausbildung zum Kaufmann für Büromanagement bewerben. Mithilfe seiner Vorbereitungen aus dem Unterricht formuliert er innerhalb von zehn Minuten ein Anschreiben …

Marlon Krieger
Fantasiaweg 1a
12345 Fantasiastadt

0123 – 45 67 89
m.krieger@email.de

Parkhausbetriebe Dortmund GmbH
Herr Platz
Automatenstraße 23b
34567 Dortmund

Fantasiastadt, 15.09.2021

Bewerbung um eine Ausbildung zum Kaufmann für Büromanagement

Sehr geehrter Herr Platz,

ich interessiere mich sehr für die Ausbildung zum Bürokaufmann, da mir das Arbeiten am PC gefällt. Deswegen sende ich Ihnen hiermit meine Unterlagen.

Momentan bin ich in der 10. Klasse an der Realschule. Ich werde die Schule im Sommer 2022 mit dem Realschulabschuss vollenden. Danach will ich eine Ausbildung beginnen.

Pünktlichkeit und Höflichkeit können Sie bei mir voraussetzen, das sagen auch meine Lehrer. Wie Sie meinem Schreiben entnehmen können, bin ich auch in der Rechtschreibung gut. Diese Stärke werde ich bei der Ausbildung einbringen. Auch am PC kenne ich mich gut aus, da wir bereits in der Schule viel mit dem Computer arbeiten und ich hier die Note sehr gut erhalten habe.

Leider konnte ich bisher noch kein Praktikum in diesem Beruf machen, da ich immer Absagen erhalten habe. Deswegen biete ich Ihnen ein vorheriges Praktikum an, damit Sie mich besser kennenlernen können. Sie gewinnen mit mir einen ehrgeizigen, motivierten und verantwortungsvollen Mitarbeiter, der sich schnell in ein neues Team einarbeiten kann. Daher würde ich mich sehr über eine Einladung zu einem Vorstellungsgespräch Ihrerseits freuen.

Mit freundlichen Grüßen

Marlon Krieger

1 Lies dir das Anschreiben durch. Hättest du Marlon zu einem Vorstellungsgespräch eingeladen? Begründe deine Entscheidung.

○ ja ○ nein

____

____

____

2 Hat Marlon versucht, die AIDA-Regel anzuwenden? Diskutiert in der Klasse und sammelt an der Tafel Verbesserungsvorschläge für Marlons Anschreiben.

Sowohl die Agentur für Arbeit als auch die Kammern und weitere Institutionen bieten Unterstützung beim Erstellen von Bewerbungsunterlagen an. Du kannst im Internet nachschauen. Hier findest du oft Mustervorlagen für Anschreiben. Allerdings solltest du diese nicht einfach kopieren. Einige Institutionen in deiner Stadt / Gemeinde bieten auch direkte Unterstützung an.

Mein Anschreiben als Kauffrau / Kaufmann für Büromanagement – Übung

1 Jetzt bist du an der Reihe! Formuliere mithilfe der gesammelten Vorschläge an der Tafel zu Marlons Bewerbung ein Anschreiben für deine eigene Bewerbung zur Ausbildung als Kauffrau/Kaufmann für Büromanagement. Verwende dabei die **AIDA-Regel**, um Werbung für dich zu machen.

Hefte diese Seite in dein Portfoliokapitel „Arbeitsplätze und Berufe" ab. Trage sie zudem in das Inhaltsverzeichnis ein: Mein Anschreiben als Kauffrau/Kaufmann für Büromanagement – Übung/Bewerbungsanschreiben – Vorlage

Bewerbungsanschreiben – Vorlage

Esma Lukic
Käfertaler Straße 90
12356 Dortmund

+49 176 / 12 34 56
esmalukic@email.com

Industrie GmbH
Manuela Haas
Sandhofer Straße 543
12345 Dortmund

Dortmund, 15.09.2021

BEWERBUNG UM EINE AUSBILDUNG ZUR KAUFFRAU FÜR BÜROMANAGEMENT

Sehr geehrte Frau Haas,

für die Produktion müssen noch Materialien eingekauft werden, in der Personalabteilung stehen Vorstellungsgespräche auf dem Plan und der Firmenpartner wartet auf einen Kostenvoranschlag: Nach meinem Schulabschluss möchte ich das Multitalent für alle Bereiche eines modernen Unternehmens werden. Mit großem Interesse bewerbe ich mich daher um eine Ausbildung zur Kauffrau für Büromanagement für den Ausbildungsbeginn im Herbst 2022.

Zurzeit besuche ich die 10. Klasse an der Realschule Dortmund. Ich werde die Schule im Juli 2022 mit dem Realschulabschluss beenden.

Durch mein Engagement als Klassensprecherin und in der SMV (Schüler-Mit-Verantwortung) habe ich bereits bei verschiedenen Veranstaltungen an meiner Schule mitgewirkt. Hier wurden besonders mein organisatorisches Geschick und meine kommunikativen Fähigkeiten gelobt. Während meines letzten Praktikums als Kauffrau für Büromanagement konnte ich zeigen, dass ich mich schnell in neue Aufgaben einarbeite und diese selbstständig durchführe. So habe ich zum Beispiel selbstständig Personalunterlagen kontrolliert und Personalakten angelegt sowie die Personaldatenbank geführt. Darüber hinaus habe ich in meinem Praktikum als Rechtsanwaltsfachangestellte gelernt, wie eine Akte aufgebaut ist, wie Gerichtsprozesse ablaufen und selbst Schriftstücke nach Diktat angefertigt. An der Schule habe ich mich über drei Jahre im Schülercafé engagiert und hier sowohl in der Vorbereitung des Angebots als auch beim Bedienen der Kunden gezeigt, dass ich mich immer wieder auf neue Menschen und Situationen einstellen kann. Bei dem Beruf der Kauffrau für Büromanagement kann ich mein organisatorisches Talent und meine Vorliebe für verwaltende Tätigkeiten mit meiner Freude am Umgang mit Menschen verbinden.

Für die Ausbildung bringe ich Teamfähigkeit und Belastbarkeit mit. Diese Eigenschaften konnte ich bereits bei meinen Praktika sowie als aktives Mitglied im Sportverein zeigen. In der Schule werden besonders mein Konzentrationsvermögen und meine Lernmotivation hervorgehoben.

Gerne stelle ich mich Ihnen bei einem persönlichen Gespräch oder Praktikum vor. Über eine Einladung in Ihr Auswahlverfahren freue ich mich daher sehr.

Mit freundlichen Grüßen

Esma Lukic

MK

Meine Bewerbung: Welche Form ist die richtige?

Das Versenden von Bewerbungen per Post wird immer seltener. Die zwei meistgenutzten Methoden der Bewerbung sind heute die E-Mail-Bewerbung und die Onlinebewerbung.

Methode: E-Mail-Bewerbung
E-Mails sind der schnelle Weg, Post zu verschicken, ohne dass man die Unterlagen vorher ausdrucken und in eine Mappe und einen Umschlag packen muss. Das spart Papier und Portokosten – und deine Bewerbung kommt innerhalb weniger Sekunden beim Unternehmen an. Deine Bewerbungsunterlagen schickst du als Anhang in deiner Mail mit. Wichtig ist, dass du deine Bewerbungsunterlagen in einem fortlaufenden Dokument und schreibgeschützt abspeicherst, nämlich als PDF-Dokument. Wenn du jedes Dokument einzeln an deine Mail anhängst, dann muss der Empfänger viele Dokumente herunterladen und selbst zusammenfügen.

Portable Document Format (PDF) *heißt übersetzt: (trans)portables Dokumentenformat. Ein in diesem Format gespeichertes Dokument wird beim Empfänger originalgetreu angezeigt, die Formatierung des Dokuments bleibt erhalten, es gibt keine Verschiebungen.*

An: manuela.haas@industrie-gmbh.de
Von: esma.lukic@email.com
Betreff: Bewerbung um eine Ausbildung zur Kauffrau für Büromanagement

Sehr geehrte Frau Haas,

mit großem Interesse bewerbe ich mich um die von Ihnen angebotene Ausbildung zur Kauffrau für Büromanagement für den Ausbildungsbeginn im Herbst 2022. Im Anhang sende ich Ihnen meine Bewerbungsunterlagen. Ich freue mich über Ihre Rückmeldung.

Mit freundlichen Grüßen
Esma Lukic

Anhang: Esma Lukic_Bewerbungsmappe_Industrie GmbH.pdf

Der erste Eindruck zählt – auch bei deinen Bewerbungsunterlagen! Sie sind das Erste, was das Unternehmen von dir zu sehen bekommt. Achte daher darauf, dass sie ordentlich, vollständig und fehlerfrei sind.

Methode: Onlinebewerbung

Besonders große Unternehmen nutzen wegen der hohen Zahl an Bewerbungen die Form der Onlinebewerbung. Hier gibst du deine Daten direkt über die Homepage des Unternehmens in ein digitales Formular ein. Deine Daten und auch die angehängten Dokumente werden automatisch in ein System eingepflegt. Ein Programm prüft, ob alle Unterlagen vollständig eingereicht wurden, und erstellt ein Bewerberprofil von dir. Das erleichtert den Unternehmen die Organisation des weiteren Auswahlprozesses. Nach dem Absenden deiner Onlinebewerbung erhältst du innerhalb weniger Minuten eine automatische Eingangsbestätigung an deine E-Mail-Adresse. Daher ist es wichtig, dass du wie bei der Methode der E-Mail-Bewerbung regelmäßig dein Postfach überprüfst. Denn alle weiteren Informationen wie zum Beispiel die Einladung zu einem Auswahltest oder Vorstellungsgespräch erhältst du fortan per Mail an diese Adresse.

Registrieren	• Anlegen eines Bewerberkontos: E-Mail-Adresse und Passwort
Persönliche Daten	• Angabe deiner Daten, bei Minderjährigen gegebenenfalls auch die Angaben zu deinen Eltern
Werdegang	• Angabe der von dir besuchten Schule und deines angestrebten Schulabschlusses • Angaben deiner Praktika • eventuell Noten der letzten beiden Zeugnisse
Anhänge	• Hochladen deiner Bewerbungsunterlagen: je nach Vorgabe des Unternehmens werden die Dokumente einzeln oder als Gesamtpaket hochgeladen

1 Sieh dir die folgenden Aussagen an und entscheide, ob sie richtig ✓ oder falsch sind.

◯ **1** Meine letzten Zeugnisse sind nicht so gut. Deswegen warte ich auf mein nächstes Zeugnis und schicke die Bewerbung erst dann ab.

◯ **2** Ich registriere mich ganz früh im Onlineportal. Dann bin ich vorgemerkt. Alles andere kann ich dann auch erst in ein paar Wochen oder Monaten schicken.

◯ **3** Mein letztes Zeugnis ist nicht gut. Deswegen schicke ich es nicht mit.

Egal, ob E-Mail- oder Onlinebewerbung – grundsätzlich gilt: Eine gute Vorbereitung ist alles!
–> Bewerbungsunterlagen überprüfen: Tippfehler finden, Vollständigkeit prüfen, Kontaktpersonen kontrollieren, korrekte und aktuelle Kontaktdaten angeben.
–> Bewerbungsunterlagen in PDF-Format umwandeln und speichern.
–> Beim Speichern einen eindeutigen Dateinamen verwenden.

2 Vergleicht eure Entscheidungen und diskutiert, wie man sich in den drei Situationen verhalten kann.

MK

Checkliste für das Anschreiben

Wenn du alle diese Fragen mit „ja“ beantworten kannst,
hast du die wichtigsten Regeln befolgt.

	ja
Allgemeine Fragen:	
• Ist das Datum aktuell und steht oben rechts in der ersten Zeile?	○
• Sind meine persönlichen Kontaktdaten (Name, Adresse, Telefonnummer und E-Mail-Adresse) aktuell und richtig geschrieben? Hinweis zur E-Mail-Adresse: Achte darauf, dass du eine seriöse E-Mail-Adresse angibst. Adressen wie susimaus@email.de kommen nicht so gut an.	○
• Sind der Name und die Adresse der Kontaktperson korrekt geschrieben?	○
• Ist die Betreffzeile richtig formatiert (Fettdruck)?	○
• Enthält die Betreffzeile die Berufsbezeichnung des Stellenangebots?	○
• Ist der Name der Kontaktperson in der Anrede richtig geschrieben?	○
• Steht nach der Anrede ein Komma und beginnt der erste Satz mit einem Kleinbuchstaben?	○
• Ist das Anschreiben unterschrieben?	○
Fragen zum Inhalt:	
Steht in meinem Anschreiben:	
• wann ich welche Schule mit welchem Abschluss verlasse?	○
• warum ich mich für diese Ausbildungsstelle entschieden habe?	○
• welche Erfahrungen ich bereits gemacht habe, die zu den Anforderungen der Ausbildung passen?	○
• warum ich mich gerade bei diesem Unternehmen bewerbe?	○
Fragen zur Form:	
• Ist das Anschreiben nicht länger als eine Seite?	○
• Sind die Vorgaben für den Seitenaufbau eingehalten (Seitenränder links mindestens 24,1 mm, rechts mindestens 8,1 mm)?	○
• Ist die Schrift einheitlich formatiert (Schrifttyp: Arial – Schriftgröße: 11 oder Times New Roman – Schriftgröße: 12). Achte besonders darauf, dass die E-Mail-Adresse genauso formatiert ist wie der übrige Text.	○

Nutze die AIDA-Regel, um im Anschreiben Werbung für dich zu machen!

Hefte diese Seite in das Portfoliokapitel „Arbeitsplätze und Berufe“ ab. Trage sie zudem in dein Inhaltsverzeichnis ein: Checkliste für das Anschreiben / Mein Anschreiben

Mein Anschreiben

Ideen / Gedankenstütze zur AIDA-Formel:

Aufmerksamkeit erregen
Formuliere einen ungewöhnlichen 1. Satz, anstatt „Hiermit bewerbe ich mich“ zu verwenden.

Interesse wecken
Schreibe kurz etwas zu dir und deiner aktuellen Situation (Schule, Abschluss, Alter, …).

Desire (Verlangen)
Beschreibe, welche praktischen Erfahrungen du bisher sammeln konntest und / oder welchen Bezug du zum Beruf / zum Unternehmen hast. Lass dich von Berufsbeschreibungen zur Ausbildung oder der Unternehmenshomepage inspirieren.

Aktion herbeiführen
Biete deine Teilnahme an einem Praktikum an: „Habe ich Sie auf mich neugierig gemacht? Gerne biete ich Ihnen ein Praktikum …“

MK

Online-Assessment

Du hast dich in einem größeren Unternehmen beworben und deine Bewerbung war im ersten Schritt erfolgreich? Dann kann es vorkommen, dass du eine Einladung zu einem Online-Assessment erhältst.

Online-Assessments sowie E-Assessments werden bei größeren Unternehmen immer mehr als eine Methode zur Bewerberinnen- und Bewerberauswahl eingesetzt. Mithilfe von unterschiedlichen Testverfahren treffen diese so eine Vorauswahl für die nächsten Auswahlschritte, wie zum Beispiel zu einer Einladung für ein Vorstellungsgespräch.

Assessment ist das englische Wort für Bewertung. Ein Assessment-Center ist hierbei eine Methode, in der Personen von den Bereichen Personalentwicklung und Personalauswahl für eine bestimmte Eignung oder Aufgabe eingeschätzt werden.

Die Vorteile eines Online-Assessments
In einem Online-Assessment durchläuft jede Bewerberin bzw. jeder Bewerber das gleiche Testverfahren. Deshalb wird niemand bevorzugt oder benachteiligt und für jede bzw. jeden liegt ein objektives Testergebnis vor. Die Testergebnisse ergänzen so gut die Informationen aus Anschreiben, Lebenslauf, Zeugnissen und Zertifikaten.

Welche Kenntnisse werden bei einem Online-Assessment abgefragt?
In den meisten Fällen wird ein Online-Assessment von zu Hause aus am PC, Laptop oder an einem Tablet durchgeführt. Wie in einem schriftlichen Eignungstest durchläufst du dabei verschiedene Testverfahren, die an dem Ausbildungsberuf, für den du dich bewirbst, angelehnt sind. Je nach Beruf können dies folgende Bereiche sein:

1 **Allgemeinwissen:** Kenntnisse zu aktuellem Zeitgeschehen und allgemeinem Wissen.
2 **Sprachkenntnisse:** Dazu gehören Kenntnisse in der deutschen Sprache zu Rechtschreibung, Textverständnis und Grammatik, aber auch Fremdsprachen wie Englisch.
3 **Kognitive Leistungsfähigkeit**, z. B. sprach- bzw. zahlengebundene sowie figural-bildhafte Leistung, Konzentrationsfähigkeit und Bearbeitungsgeschwindigkeit oder logisches Schlussfolgern.
4 **Mathematisches Verständnis** und Kenntnisse wie z. B. Grundrechenarten.
5 **Persönliche Eignung für den Beruf:** Hier werden spezielle Fähigkeiten abgefragt, die man zur Ausübung des Berufes benötigt, z. B. schwindelfrei zu sein, aber auch persönliche Einstellungen, wie z. B. deine Bereitschaft, in einem Team oder unter Zeitdruck zu arbeiten.
6 **Simulationen:** Hier werden zunächst Situationen geschildert, die sich die Bewerberin bzw. der Bewerber vorstellen muss. Im Anschluss stehen mehrere Entscheidungsmöglichkeiten zur Auswahl, wie man auf die Situation reagieren kann.
7 **Unternehmenskultur:** Wie passen Bewerberin bzw. Bewerber und Unternehmen zusammen? Dies wird als Cultural Fit bezeichnet.

1 Wie auf eine Klausur in der Schule kann man sich auch auf Bewerbungstests vorbereiten. Allerdings ist dies nicht für alle Bereiche möglich. Auf welche der zuvor beschriebenen Bereiche könntest du dich vor dem Test vorbereiten? Trage hierzu die Nummern der Bereiche in die Tabelle ein.

2 Wie kannst du dich auf diese Bereiche vorbereiten? Trage deine Ideen in die rechte Spalte ein. Du darfst diese gerne anhand eines Beispiels erklären.

Bereich Nr.	So kannst du dich auf diesen Bereich vorbereiten

3 Auf welche der auf der vorherigen Seite genannten Bereiche in einem Online-Assessment-Center kann man sich deiner Meinung nach nicht vorbereiten? Trage die Bereiche in die Tabelle ein und begründe deine Meinung in der jeweils rechten Spalte.

Bereich Nr.	Darum kannst du dich auf diesen Bereich nicht vorbereiten

4 Tausche dich in deiner Klasse über deine Ergebnisse und Ideen aus. Ändere gegebenenfalls noch einmal deine schriftlichen Ausführungen ab.

MK

Wie läuft ein Online-Assessment ab?

Die durchgeführten Tests unterscheiden sich immer in ihren Inhalten. Ein Computerprogramm entscheidet, welche Aufgaben für ein Testverfahren ausgewählt werden.
Jedes Online-Assessment ist anders, nicht bei jedem werden dir alle Aufgaben aus jedem Bereich gestellt. Außerdem bekommst du vor jedem neuen Aufgabenmodus eine genaue Einweisung mit allen erforderlichen Informationen und einer Beispielaufgabe zum Üben.

Manche Tests musst du innerhalb einer vorgegebenen Zeit bearbeiten. Eine Uhr zeigt dir dabei an, wie viel Zeit dir für die Bearbeitung noch bleibt.
Grundsätzlich sind die Tests so ausgelegt, dass diese nicht vollständig bearbeitet werden können. Dies ist von den Firmen beabsichtigt. Die Tester wollen damit sehen, wie du unter zeitlichem Druck und der Gewissheit, nicht alle Aufgaben lösen zu können, reagierst.
Eine gute Strategie ist hier, die Aufgaben in Ruhe anzugehen und nicht in Panik zu verfallen, wenn du eine Aufgabe nicht lösen kannst.

Neben einem PC oder Tablet musst du für einen Onlinetest über eine stabile Internetverbindung verfügen. Sollte diese Verbindung während des Tests abbrechen, kannst du diesen nicht zu Ende bringen und musst von vorne beginnen. Ein Handy eignet sich wegen der Größe des Bildschirms und der fehlenden mechanischen Tastatur eher nicht für dieses Testverfahren. Als Hilfsmittel solltest du dir immer Stift und Block für Notizen sowie einen Taschenrechner bereitlegen.

Sieben Tipps für ein erfolgreiches Arbeiten im Online-Assessment

1. Übung gibt dir Sicherheit
Es gibt zahlreiche Möglichkeiten, einzelne Bereiche eines Assessment-Centers zu üben und diese Inhalte dadurch schneller und sicherer zu bearbeiten. Im Buchhandel gibt es hierzu Bücher und Bearbeitungshefte. Im Internet bieten zahlreiche Seiten kostenlose Übungsparcours zu bestimmten Aufgabenmodulen an. Es lohnt sich, diese über Suchmaschinen zu suchen.

2. Sei ausgeruht
Die beste Konzentration wirst du sicherlich im ausgeschlafenen und ausgeruhten Zustand erreichen. Daher ist es wichtig, dass du in der Nacht vor dem Onlinetest genügend Schlaf hast, damit du dich über den Zeitraum des Testverfahrens dauerhaft konzentrieren kannst.

3. Hab keine Angst
Ein Onlinetest ist so aufgebaut, dass du Aufgaben unter Stress bewältigen musst. Der Stress wird hier durch zeitlichen Druck oder einen Schwierigkeitsgrad erreicht, den du ab einer bestimmten Stelle nicht mehr bewältigen kannst. Diese Erfahrungen durchlaufen alle Bewerberinnen und Bewerber. Das Ungünstigste wäre für dich in so einer Situation, dass du in Panik gerätst oder bereits vor dem Test mit Angst in diesen startest. Es ist wichtig, dass du den Test ernst nimmst. Über eine gute Vorbereitung, wie in Punkt 1 beschrieben, kannst du die Testverfahren vor dem eigentlichen Test kennenlernen und bereits üben. Das gibt dir Sicherheit und nimmt dir deine Angst.

4. Sei ehrlich
In einem Bewerbungsverfahren geht es immer auch um eine positive Selbstdarstellung. Du darfst und sollst deine Fähigkeiten, Begabungen und Interessen gegenüber der Firma darstellen und vertreten. Dies kannst du am besten anhand von Beispielen und Zertifikaten tun. Neige dabei aber nicht zu Übertreibungen. Die Testerinnen und Tester notieren sich sehr genau, was du an persönlichen Stärken angibst, und wissen, wie sie dies überprüfen können. Deswegen ist es wichtig, ehrlich zu sein und hier nicht zu übertreiben.

5. Schalte Störungen aus
Für ein erfolgreiches Arbeiten ist ein störungsfreies Umfeld wichtig. Klingelnde Mobiltelefone, sprechende Familienmitglieder oder ein laufender Fernseher würden dich bei der Bearbeitung der Testaufgaben stören und ablenken.
Sorge deshalb vor dem Test dafür, dass …
- dein Mobiltelefon und alle anderen elektronischen Geräte ausgeschaltet sind und
- du möglichst in einem Raum, in dem du alleine arbeiten kannst, den Test durchführst.

6. Mache den Test zu üblichen Bürozeiten
Wenn während der Durchführung des Tests ein technisches Problem auftritt, benötigst du schnell Hilfe, um den Test weiter bearbeiten zu können. Dafür gibt es in den Firmen Mitarbeiterinnen und Mitarbeiter, die dich hier unterstützen können. Diese kannst du aber nur während der Bürozeiten, zu denen diese erreichbar sind, um Hilfe bitten. Kläre also am besten vorher mit dem Betrieb, bei dem du dich bewirbst, ab, wann du jemanden für diese Unterstützung erreichen kannst. Oft findest du diese Informationen bereits in der Einladungs-E-Mail für den Onlinetest.

7. Folge den Anweisungen
Die Einladung zu einem Online-Assessment erhältst du meistens per E-Mail von dem Betrieb, bei dem du dich beworben hast. Neben dem Link zu der Testseite stehen in der E-Mail meistens Anweisungen, die du vor oder während des Tests beachten musst. Lies diese aufmerksam und nicht erst kurz vor dem Test durch. Falls du etwas nicht verstanden hast, kannst du mit der Firma Kontakt aufnehmen und hier nachfragen.

Wie geht es nach dem Testverfahren weiter?

Nachdem du den Onlinetest abgeschlossen hast, informiert dich das Unternehmen über die weitere Vorgehensweise. Meistens wird hier der Satz verwendet, dass sich das Unternehmen zeitnah wieder bei dir meldet. Manche Firmen geben aber auch hier eine Rückmeldung, wie du in den einzelnen Bereichen abgeschnitten hast. Dies ist aber keine Aussage darüber, wie gut du im Vergleich mit den anderen Mitbewerberinnen und Mitbewerbern abgeschnitten hast und ob sich das Unternehmen für oder gegen deine Bewerbung entscheidet. Falls du das Unternehmen mit deinem Onlinetest überzeugt hast, wirst du im nächsten Schritt zu einem Vor-Ort-Termin (weiterer Test, Assessment-Center, Vorstellungsgespräch) in der Firma eingeladen. Hier lernst du dann unter Umständen schon Ausbilderinnen und Ausbilder kennen.

Testverfahren im Unternehmen

Du hast dich in einem Unternehmen auf einen Ausbildungsberuf beworben und wirst zum Einstellungstest eingeladen? Prima! Dann bist du im Bewerbungsverfahren schon eine Runde weiter!

Auf den letzten Seiten hast du bereits mit dem Online-Assessment ein Testverfahren über das Internet kennengelernt. Manche Elemente lassen sich auf den Einstellungstest, an dem du im Unternehmen teilnimmst, übertragen. Bei einem Testverfahren im Betrieb gibt es allerdings erweiterte Möglichkeiten, die im Onlineverfahren nicht durchführbar sind. So kann z. B. für die Eignung eines handwerklichen Berufes eine kleine praktische Aufgabe gestellt werden, etwa aus einem Metalldraht eine kleine Figur oder Form zu biegen.

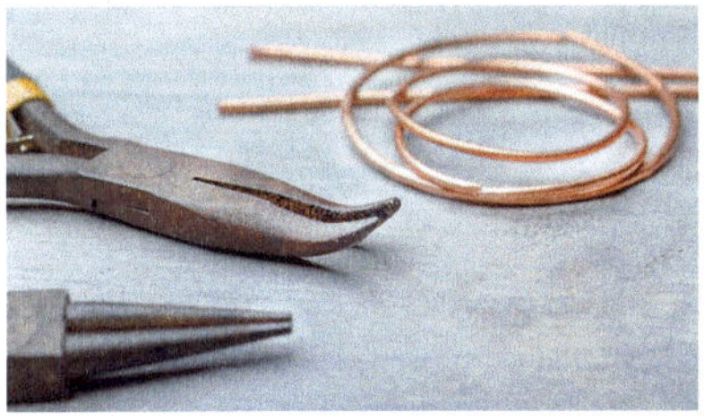

Grundsätzlich ist ein Einstellungstest für dich eine gute Möglichkeit, dein Können und deine Berufseignung deinem vielleicht zukünftigen Arbeitgeber zu zeigen.

Unterscheidungen in Testarten

Der Einstellungstest wird in vier unterschiedliche Arten eingeteilt. Diese lassen sich mit den Bereichen aus dem Onlinetestverfahren der letzten Seiten gut vergleichen.

Dein logisches Denken im Intelligenztest

Der Intelligenztest findet häufig unter Zeitdruck statt. Die Aufgabenstellungen sind oftmals so gestaltet, dass du verschiedene Buchstaben-, Zahlen- oder Figurenreihen fortsetzen musst. Damit du diese Aufgaben lösen kannst, musst du das Muster oder die Gesetzmäßigkeit dahinter erkennen. An folgendem Beispiel kannst du diesen Aufgabentyp ausprobieren:

1 Welche Zahl setzt die Reihe fort?

5 9 6 10 7 11 8 ______

Die richtige Lösung findest du auf Seite 103.

Dein Allgemeinwissen im allgemeinen Kenntnistest

Du hast in den Fächern Erdkunde, Geschichte und Gemeinschaftskunde gut aufgepasst? Du liest gerne Zeitung oder schaust Nachrichten und verfügst über ein gutes Allgemeinwissen? Dann sollte dir der allgemeine Kenntnistest gut liegen. Neben deinem Allgemeinwissen werden nämlich auch Inhalte aus den Schulfächern, die oben beschrieben wurden, abgefragt.

Die Aufgaben sind aber auch davon abhängig, für welche Ausbildung du den Einstellungstest machst. Bei einer Bewerbung zur Chemielaborantin bzw. zum -laboranten wird in diesem Teil meist chemisches Grundwissen aus dem Schulunterricht abgefragt. In einer technischen Ausbildung solltest du den Dreisatz beherrschen. An folgendem Beispiel kannst du diesen Aufgabentyp ausprobieren:

2 Von wem wird der Bundespräsident gewählt? Kreuze die richtige Antwort an:

- ○ vom Bundestag
- ○ vom Bundesrat
- ○ vom Volk
- ○ von der Bundesversammlung
- ○ von der Bundeskanzlerin bzw. dem Bundeskanzler

Die richtige Lösung findest du auf Seite 103.

Deine Belastbarkeit und Konzentration

Kannst du unter zeitlichem Druck schnell und trotzdem gründlich arbeiten? Mit dieser Testart wollen die Unternehmen erfahren, wie du mit Stress und Zeitdruck umgehen kannst. Die Aufgaben sind so gestellt, dass du sie in der vorgegebenen Zeit gar nicht alle beantworten kannst. Hier darfst du dich nicht aus der Ruhe bringen lassen und in Panik verfallen. Die folgende Aufgabe vermittelt dir einen Eindruck von diesem Aufgabentyp.

3

a) Jede Aufgabe besteht aus zwei Rechnungen. Wenn die Ergebnisse beider Rechnungen gleich sind, werden die Ergebnisse zusammengezählt. Wenn das Ergebnis der unteren Rechnung kleiner ist als das Ergebnis der oberen Rechnung, wird dieses vom Ergebnis der oberen Rechnung abgezogen. Unterstreiche bei jeder Aufgabe das richtige Ergebnis.
Du hast für die Bearbeitung eine Minute Zeit:

Nr.	Aufgaben:	Mögliche Ergebnisse:	Nr.	Aufgaben:	Mögliche Ergebnisse:
1	9 + 12 – 1 13 + 7 – 4	2 • 4 • 8 • 12 • 17	6	20 + 40 – 5 11 + 22	11 • 22 • 33 • 44 • 55
2	12 + 34 + 4 75 – 30 + 5	0 • 25 • 50 • 100 • 125	7	125 – 75 + 25 25 + 5 + 20	25 • 50 • 75 • 100 • 125
3	37 – 15 + 11 120 – 92 + 2	2 • 3 • 8 • 10 • 12	8	40 – 45 + 10 99 – 66 – 28	0 • 10 • 15 • 20 • 25
4	24 + 24 + 3 33 + 33 – 15	24 • 51 • 102 • 204 • 408	9	45 + 45 + 10 135 – 45 + 10	0 • 50 • 100 • 200 • 400
5	104 – 88 – 16 13 – 16 + 3	0 • 2 • 4 • 8 • 10	10	27 – 12 + 15 45 – 17 – 14	4 • 8 • 16 • 20 • 22

b) Wie viele Aufgaben konntest du in der Zeit lösen?

Ich konnte insgesamt ________ Aufgaben lösen.

c) Löse nun alle weiteren Aufgaben und stoppe deine Gesamtzeit.

Meine Gesamtzeit betrug ______________________.

d) Wie viele von diesen waren richtig? Die richtigen Lösungen findest du auf Seite 103.

Ich habe insgesamt ________ Aufgaben richtig gelöst.

e) Wie bist du mit dem zeitlichen Druck umgegangen? Schätze dich ein und kreuze an.

Die Aufgaben unter Zeitdruck zu lösen, fiel mir leicht ● 1 ● 2 ● 3 ● 4 ● 5 schwer

f) Tausche dich mit einer Partnerin bzw. einem Partner über deine Einschätzung aus. Wann gelingt es dir, unter zeitlichem Druck gut arbeiten zu können?

Deine Fähigkeiten im Beruf

Für jeden Beruf braucht man spezielle Fähigkeiten. Bei technischen Berufen ist es z. B. wichtig, sich Gegenstände räumlich vorstellen zu können. Deshalb gibt es für technische, handwerkliche und kaufmännische Berufe spezielle Fähigkeitentests, bei denen du dein Talent für diese Fertigkeiten zeigen kannst. In den folgenden Aufgaben kannst du einen solchen Test für dich ausprobieren. Suche dir dabei einen Aufgabentyp aus und versuche, die Aufgabe zu lösen.

4

a) Aufgabentyp kaufmännisch: Schätze ein, welches Ergebnis folgender Berechnung am nächsten kommt.

12,5 % von 588,25 Euro: 70,75 € • 73,53 € • 75,00 € • 80,00 €

Die richtige Lösung findest du unten auf dieser Seite.

b) Aufgabentyp technisch: In der Zeichnung siehst du eine Schaltung mit drei Glühlampen. Diese leuchten alle gleich hell.
Was passiert, wenn die Glühlampe A ausfällt? Kreuze die richtige Antwort an:

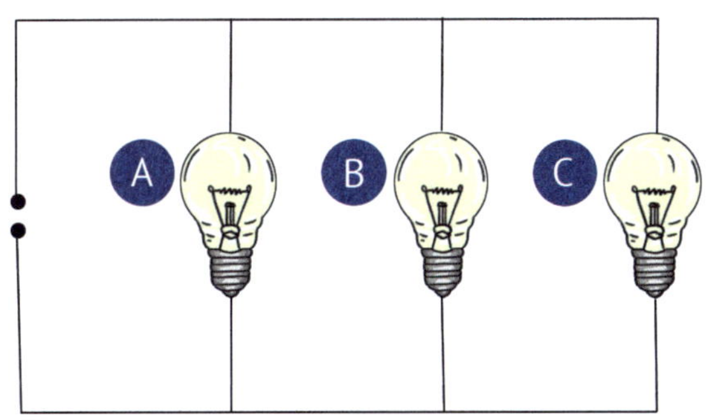

- ○ Die anderen Glühlampen gehen ebenfalls aus.
- ○ Glühlampe B und C leuchten beide heller.
- ○ Glühlampe B und C leuchten unverändert weiter.
- ○ Die Glühlampe B leuchtet heller als C.
- ○ Keine Antwort ist richtig.

Die richtige Lösung findest du unten auf dieser Seite.

5

a) Überprüfe mithilfe der unten auf der Seite stehenden Lösungen alle Aufgaben.

b) Tausche dich mit einer Partnerin bzw. einem Partner über folgende Fragen aus:
- Wie gut hast du abgeschnitten?
- Welche Aufgaben sind dir schwer- und welche leichtgefallen?
- Warum könnte dies so sein?

Lösungen
Aufgabe 1: 12
Aufgabe 2: von der Bundesversammlung
Aufgabe 3: Nr. 1 = 4, Nr. 2 = 100, Nr. 3 = 3, Nr. 4 = 102, Nr. 5 = 0,
Nr. 6 = 22, Nr. 7 = 25, Nr. 8 = 10, Nr. 9 = 200, Nr. 10 = 16
Aufgabe 4a = 73,53 €
Aufgabe 4b = Glühlampe B und C leuchten unverändert weiter

Eine gute Vorbereitung ist alles
Wie bereits auf den Seiten zum Online-Assessment beschrieben, kannst du dich auf die verschiedenen Testverfahren vor der Einladung zu einem Test vorbereiten. Im Buchhandel findest du hier viele Bücher, mit deren Hilfe du üben kannst. Im Internet gibt es zahlreiche Seiten, auf denen du zu den verschiedenen Testverfahren vielseitige Übungen findest. Der Vorteil gegenüber den Büchern ist hier, dass du am Ende der Übungen eine Auswertung darüber erhalten kannst, wie gut du bei den Aufgaben abgeschnitten hast.

Um die entsprechenden Übungsseiten zu finden, empfiehlt sich eine Suche über eine Suchmaschine. Passende Suchbegriffe können hier zum Beispiel sein:

Eignungstest Ausbildung üben

6

a) Finde über eine Suchmaschine drei Onlinetestverfahren und schreibe die Adressen hier auf.

1. ______________________

2. ______________________

3. ______________________

b) Überlege dir eigene Testfragen, die du einer Partnerin bzw. einem Partner stellen kannst.

1. Meine Testfrage zum Bereich ______________________:

____

____

2. Meine Testfrage zum Bereich ______________________:

____

____

3. Meine Testfrage zum Bereich ______________________:

____

____

4. Meine Testfrage zum Bereich ______________________:

____

____

Das Vorstellungsgespräch

Wenn du zu einem Vorstellungsgespräch eingeladen wirst, bedeutet das, das Unternehmen hat Interesse an dir. Im Gespräch möchte man dich besser kennenlernen und prüfen, ob du für den Ausbildungsplatz geeignet bist und zu dem Unternehmen passt.

Um einen guten ersten Eindruck zu machen, solltest du dich auf jedes Vorstellungsgespräch gründlich vorbereiten und während des Gesprächs auf ein höfliches Verhalten und Auftreten achten – damit steigen deine Chancen auf einen Ausbildungsplatz.

Vorbereitung auf ein Vorstellungsgespräch	**Verhalten beim Vorstellungsgespräch**
Bestätige, dass du die Einladung erhalten hast, am besten schriftlich.	Klopfe an und warte, bis du hereingebeten wirst.
Sei unbedingt pünktlich. Suche dir im Vorfeld die Anfahrt heraus. Plane dir einen Puffer ein, falls z. B. eine Bahn Verspätung hat.	Wähle eine für die Situation angemessene Begrüßung. In der Regel wird dein Gegenüber die Begrüßungsformel vorgeben, wie z. B. Handschlag oder sich auf Abstand begrüßen. Wichtig: Halte immer Blickkontakt mit deinem Gegenüber!
Kleide dich angemessen – nicht zu fein, aber auch nicht zu lässig. Richte dir deine Kleidung einen Tag zuvor.	Nimm erst Platz, wenn dir ein Platz angeboten wird. Nimm eine ordentliche, aufrechte Haltung beim Sitzen ein.
Sag rechtzeitig ab, falls du krank bist.	Sei nett und höflich. Versuche, einen positiven Gesichtsausdruck zu halten.
Lies dir deine Bewerbungsunterlagen mindestens noch einmal genau durch.	Kaue keinen Kaugummi!
Sammle Informationen über das Unternehmen und den Ausbildungsberuf. Schau dir die Homepage des Unternehmens genau an, hier erhältst du viele Informationen.	Lass dein Gegenüber immer ausreden. Höre selbst gut zu. Wenn du etwas nicht verstehst, frage höflich nach.
Schreibe deine Fragen an das Unternehmen auf. Stelle keine Fragen, die auf der Homepage beantwortet werden. Sinnvolle Fragen könnten sein: • Wie viele Auszubildende werden in diesem Jahr eingestellt? • In welchen Abteilungen werde ich eingesetzt? • Wann und wo findet der Berufsschulunterricht statt?	Bedanke dich bei der Verabschiedung für das Gespräch.

Ablauf eines Vorstellungsgesprächs

Vorbereitung auf das Gespräch	Begrüßung, Einleitung des Gesprächs, Smalltalk	Vorstellung des Betriebs / der ausgeschriebenen Stellen / der Anwesenden	Fragen an die Bewerberin bzw. den Bewerber, eigene Fragen stellen	Verabschiedung	Rückmeldung des Unternehmens
	ca. 2–5 Minuten	ca. 5–10 Minuten	ca. 15–20 Minuten	ca. 2 Minuten	ca. 14 Tage später

Es gibt Fragen, die kommen häufig in Vorstellungsgesprächen vor. Marie möchte wissen, was die Betriebe mit diesen Fragen herausfinden wollen, und fragt bei der Unternehmerin Susanne Wieschalla nach:

Guten Tag, Frau Wieschalla, was möchte ein Betrieb mit folgenden Fragen herausfinden?

1. Warum haben Sie sich bei uns beworben?
2. Wieso sollten wir gerade Ihnen den Ausbildungsplatz geben?
3. Welches sind Ihre Lieblingsfächer in der Schule?
4. Wo liegen Ihre Stärken und Schwächen?
5. Wie sehen Sie Ihre berufliche Zukunft?

A Ob du Interesse für die Fächer zeigst, die für den Beruf wichtig sind.

B Ob du dich gut einschätzen kannst und deine Stärken zum Beruf passen.

C Ob du längerfristig Interesse an dem Beruf hast.

D Ob du dich gut über den Betrieb informiert hast oder nur irgendeinen Ausbildungsplatz suchst.

E Wie du dich deiner Meinung nach von anderen Bewerbern unterscheidest.

1 Marie sind leider die Antworten von Frau Wieschalla durcheinandergekommen. Verbinde die Fragen mit den richtigen Antworten.

2 Findet weitere typische Fragen für Vorstellungsgespräche und schreibt diese auf.

3 Sammelt eure typischen Fragen an der Tafel und schreibt diese ab.

4 Beantworte nun die Fragen von Marie und eure gesammelten Fragen, als wären es Fragen in deinem Vorstellungsgespräch. Hefte deine Antworten in deinen Portfolioordner im Kapitel „Arbeitsplätze und Berufe“ ab und trage sie in dein Inhaltsverzeichnis ein.

5 Spielt nun mit einer Partnerin bzw. einem Partner eure Vorstellungsgespräche durch.

starkeSeiten: Check ✓

Kapitel 6: Betriebe finden

Kreuze in jedem Feld die entsprechende Anzahl der Smileys an.

Das ist mir/ihr/ihm sehr gut gelungen.	☺☺☺☺☺
Das ist mir/ihr/ihm gut gelungen.	☺☺☺☺
Das habe/hat ich/sie/er hinbekommen.	☺☺☺
Das hat mir/ihr/ihm Schwierigkeiten bereitet.	☺☺
Das ist mir/ihr/ihm nicht gelungen.	☺

Merke

- **Wenn du mindestens drei Smileys erreichst, kannst du dir im Kompetenzfeld einen Haken geben.** ✓

Schätze dich ehrlich ein. Kreuze an.

	Selbsteinschätzung:	Fremdeinschätzung:	Kompetenzfeld:
Ich kenne den formalen zweckentsprechenden Aufbau von Texten (Anschreiben) und kann die AIDA-Formel anwenden.	☺☺☺☺☺	☺☺☺☺☺	○ 1E
Ich kann meinen Lebenslauf am PC schreiben, formatieren und abspeichern.	☺☺☺☺☺	☺☺☺☺☺	○ 1E
Ich weiß, wo ich Stellenanzeigen finden und passende Ausbildungsangebote suchen kann.	☺☺☺☺☺	☺☺☺☺☺	○ 5E
Ich kenne typische Aufgabenbereiche aus Einstellungstests und weiß, wie ich mich auf diese vorbereiten kann.	☺☺☺☺☺	☺☺☺☺☺	○ 3D
Ich kann ein Vorstellungsgespräch vorbereiten und dafür meine Fähigkeiten und Interessen realistisch benennen.	☺☺☺☺☺	☺☺☺☺☺	○ 5C
Wenn du die Portfolioseiten „Bei Stellenanzeigen den Durchblick behalten“, „Meine Bewerbungsübersicht“, „Mein Anschreiben als Kauffrau/Kaufmann für Büromanagement – Übung“, „Bewerbungsanschreiben – Vorlage“, „Checkliste für das Anschreiben“, „Mein Anschreiben“ und diese Seite ordentlich ausgefüllt und in deinen Portfolioordner eingeheftet hast, bekommst du zusätzlich einen Punkt.			○ 3A

Denke daran: Übertrage deine Checks in dein Gesamtkompetenzraster im Portfolio!

Hefte diese Seite in dein Portfoliokapitel „starkeSeiten: Check ✓“ hinter die Seite „Kapitel 5: Verantwortung tragen“ ab. Trage die Seite in das Inhaltsverzeichnis ein: Kapitel 6: Betriebe finden

MK

Dein Trainingsplan

Kapitel 6: Betriebe finden

In diesem Kapitel hast du verschiedene Möglichkeiten kennengelernt, um einen Betrieb für einen Ausbildungsberuf zu finden. Vielleicht hast du mit deiner eigenen Bewerbung gleich Erfolg und findest in deinem Traumberuf einen tollen Ausbildungsbetrieb in der Nähe deines Wohnortes. Diese Situation ist leider nicht die Regel. Es kommt oft vor, dass entweder für den eigenen Wunschberuf keine oder nicht genügend Ausbildungsplätze zur Verfügung stehen oder ein toller Ausbildungsbetrieb so weit entfernt liegt, dass dieser nicht erreichbar ist. Doch welche Alternativen stehen dir dann offen?

Trainingsaufgabe: Vielseitig bei der Berufswahl
In Deutschland gibt es über 300 Ausbildungsberufe. Durch diese große Anzahl gibt es viele Berufe, die sich inhaltlich ähnlich sind und sich manchmal sogar nur in einzelnen Tätigkeitsfeldern unterscheiden. Falls du in deinem Wunschberuf keinen Ausbildungsplatz in deiner Nähe findest, lohnt es sich also, artverwandte Berufe anzuschauen, um hier vielleicht einen alternativen Beruf zu finden.

1 In dieser Aufgabe sollst du artverwandte Berufe zu deinem Wunschberuf finden. Trage zunächst auf der Rückseite dieser Starkmacherseite deinen Wunschberuf ein.

2 Recherchiere dann im Internet unter: www.berufenet.arbeitsagentur.de.

3 Du findest unter dem Menüpunkt „Perspektiven“ und weiter „Alternativen“ ähnliche Berufe. Notiere mindestens zwei ähnliche Berufe in der ersten Spalte in der Tabelle auf der Rückseite dieser Starkmacherseite.

4 Was sind die Gemeinsamkeiten dieser Berufe mit dem von dir gewählten Beruf? Was sind die Unterschiede? Trage diese in die entsprechenden Zellen in der Tabelle auf der nächsten Seite ein.

5 Gibt es in den beiden Alternativberufen Ausbildungsplätze in deiner Region? Die Jobbörse der Arbeitsagentur kann dir hier helfen. Du findest die Internetseite unter *www.jobboerse.arbeitsagentur.de*. Trage deine Suchergebnisse in die Tabelle ein.

6 Tausche dich über die alternativen Berufe mit Personen deines Vertrauens aus, die selbst bereits im Arbeitsleben tätig sind. Sehen diese Personen in den beiden weiteren Berufen Alternativen, die zu deinen Fähigkeiten und Interessen passen könnten?

7 Überlege dir, ob du bei den entsprechenden Betrieben ein Praktikum machen oder dich auf einen Ausbildungsplatz bewerben möchtest.

Hefte diese Seite in dein Portfoliokapitel „Starkmacherseiten“ hinter die Seite „Starkmacherseite Kapitel 5“ ab. Trage sie zudem in das Inhaltsverzeichnis ein: Starkmacherseite Kapitel 6

Trainingsaufgabe: Vielseitig bei der Berufswahl

Mein Wunschberuf ist: ______________________

Alternativberuf	Gemeinsamkeiten mit meinem Wunschberuf	Unterschiede zu meinem Wunschberuf	Ausbildungsplätze in meiner Region (Firma und Adresse)

7

Arbeitsplätze erkunden

Ich werde ...

- einen „Plan B“ entwickeln.
- Unterstützungssysteme kennenlernen.
- mehr über Freiwilligendienste und weitere schulische Ausbildungsmöglichkeiten erfahren.

1 Die hier vorgestellten Schülerinnen und der Schüler finden alle keinen Ausbildungsplatz. Woran könnte das liegen?

2 Was würdet ihr den dreien empfehlen?

3 Der Mann auf dem unteren Bild wollte eigentlich im Büro arbeiten. Nun ist er total glücklich in seinem (Traum-)Beruf als Schornsteinfeger. Wie hat er doch noch seinen Traumberuf gefunden?

4 Wie findet man seinen Traumberuf? Gibt es vielleicht mehrere Traumberufe?

„Ich wollte früher immer in einem Bürojob arbeiten. Durch einen Zufall konnte ich ein mehrtägiges Praktikum bei einem Schornsteinfeger machen. Das war super und ich habe mich danach gleich beworben. Jetzt arbeite ich schon acht Jahre in diesem Beruf und möchte nichts anderes mehr machen.“

Einen „Plan B“ haben

Es gibt viele Gründe, warum der Traum vom Wunschberuf platzen kann. Hier kann die Gesundheit ebenso eine Rolle spielen wie der Schulabschluss oder das Alter. Zum Glück gibt es in Deutschland vielfältige Berufswahlmöglichkeiten und somit einige Alternativen, wenn es mit dem eigentlichen „Traumberuf“ nicht klappt.

Einen „Plan B“ zu haben bedeutet, dass man eine Alternative beziehungsweise eine weitere Möglichkeit hat, wenn der eigentliche Plan, also Plan A, aus irgendwelchen Gründen nicht gelingen sollte.

„Ich würde gerne mein Hobby zum Beruf machen und Tierpflegerin in einem Zoo werden. Leider gibt es bei mir in der Region keine Ausbildungsstellen dafür. Was soll ich bloß machen?“

Melissa, 16 Jahre alt

Plan B: Wenn es in deiner Nähe keinen Ausbildungsplatz gibt, kannst du umziehen. Erkundige dich, ob du dann ein Anrecht auf finanzielle Unterstützung hast. Es kann auch sein, dass du einen Ausbildungsplatz findest, die zuständige Berufsschule aber weiter weg ist.

„Ich fotografiere und bearbeite fast jeden Tag Bilder. Daher wäre Mediengestalterin für Digital und Print mein Traumberuf – die Unternehmen stellen aber fast nur Auszubildende mit Hochschulreife oder Studienabbrecher ein. Und ich habe nächstes Jahr ‚nur‘ den mittleren Schulabschluss.“

Sarah, 15 Jahre alt

Plan B: In einem Berufsfeld sind ähnliche Ausbildungsberufe zusammengefasst. Hier findest du sicher noch weitere Berufe, die deinem Wunschberuf nahekommen. Schau vor allem nach Berufen, in denen die Tätigkeiten oder die Erwartungen an dich ähnlich sind. Manchmal interessieren dich aber auch vielleicht zwei oder drei völlig unterschiedliche Berufe. Auch das sind gute Alternativen. Vielleicht machst du auch zunächst mit der Schule weiter und bewirbst dich dann mit dem Abiturzeugnis.

„Ich hoffe, dass ich meinen Schulabschluss packe, denn danach möchte ich unbedingt Industriemechaniker werden. Ich war schon total fleißig und habe über 20 Bewerbungen geschrieben, aber ich bekomme von den Unternehmen nur Absagen.“

Marlon, 16 Jahre alt

Plan B: Solltest du nur Absagen erhalten haben, prüfe nach, ob dein Schulabschluss zu dem Beruf passt, auf den du dich beworben hast. Lass deine Bewerbungsunterlagen außerdem von einer Expertin bzw. einem Experten überprüfen. Das kann zum Beispiel deine Berufsberaterin bzw. dein Berufsberater sein. Vielleicht gibt es aber auch jemanden an deiner Schule, die bzw. der dich unterstützt.

1 Fallen euch für die drei Jugendlichen noch weitere Alternativen zur Problemlösung ein?

Mein Plan B: Wo kann ich Unterstützung erhalten?

Du hast einen Wunschberuf und dich in diesem auf Ausbildungsplätze beworben. Leider hat es bisher noch nicht mit einer Zusage für einen Ausbildungsplatz geklappt. Wie soll es jetzt weitergehen?

Du kannst auf der Seite der Agentur für Arbeit ***www.berufenet.arbeitsagentur.de*** *nach alternativen Berufen suchen. Betriebe, die hier vielleicht auch Ausbildungsplätze in deiner Region anbieten, findest du im Internet unter der Adresse* ***www.jobboerse.arbeitsagentur.de****.*

Berufliche Alternativen suchen

Du hast bereits in Kapitel 6 auf den Starkmacherseiten 109 und 110 alternative Ausbildungsberufe gefunden und nach Betrieben, die diese Berufe in deiner Umgebung zur Ausbildung anbieten, gesucht. Diese Informationen können dir in dieser Situation weiterhelfen. Nimm darum zu diesen Betrieben Kontakt auf.

Falls du dabei nicht erfolgreich bist, können dir folgende Angebote weiterhelfen:

Wo kann ich Unterstützung erhalten?

Medien:
- Berufenet
- Industrie- und Handelskammer
- Handwerkskammer
- Planet Beruf / Regionalschrift der Agentur für Arbeit
- Stellenanzeigen in Zeitungen und Internet
- Ausbildungsmessen
- Informationstage an weiterführenden Schulen
- …

Schule:
- Lehrerin / Lehrer
- Berufsberatung an der Schule
- Bildungspartner der Schule
- …

Familie und Bekannte:
- Eltern, ältere Geschwister und Verwandte
- Trainer/in im Verein
- Mitarbeiter/innen im Jugendhaus
- Kolleginnen und Kollegen von Eltern
- Freunde
- …

In meinem Wohnort:
- Berufsberater/innen der Agentur für Arbeit
- Lehrstellenvermittler/innen der Kammern
- Beratungseinrichtungen zur beruflichen Orientierung
- …

1 Welche der oben genannten Unterstützungsmöglichkeiten hast du bereits für deine Suche genutzt? Hake diese in der Übersicht ab.

2 Welche der Angebote können dir in deiner Situation weiterhelfen?
Trage diese in die Tabelle auf der nächsten Seite ein. Finde bei diesen Angeboten heraus, wen du hier ansprechen kannst, und trage die Personen, Einrichtungen oder Internetseiten mit den Kontaktdaten in die Tabelle ein.

Folgendes Angebot kann mir weiterhelfen:	Diese Person/en kann ich für das Angebot ansprechen:
	______________________, Kontaktdaten: ______________________
	______________________, Kontaktdaten: ______________________
	______________________, Kontaktdaten: ______________________
	______________________, Kontaktdaten: ______________________

3 Stellt euch gegenseitig die Angebote vor: Wie schwer oder wie leicht war es, die Informationen herauszufinden? Woran lag das?

4 Ergänze Angaben, die du durch die Vorstellung deiner Mitschülerinnen und Mitschüler bei der Präsentation kennengelernt hast.

5 Lies dir das Beispiel für die nächsten Schritte durch. Was sind deine nächsten Schritte? Trage diese in die freien Felder ein.

Schritt 1: Lehrstellenberatung, Herr Meyer, IHK Düsseldorf anrufen und einen Termin vereinbaren.	**Schritt 2:** Fragen notieren, die ich stellen möchte. Unterlagen für Beratung zusammenstellen.	**Schritt 3:** Beratungstermin vor Ort: wichtige Informationen mitschreiben.	**Schritt 4:** Aufgaben aus dem Gespräch umsetzen. Termine beachten.
Mein Schritt 1:	**Mein Schritt 2:**	**Mein Schritt 3:**	**Mein Schritt 4:**

Eine weitere Alternative: das FSJ

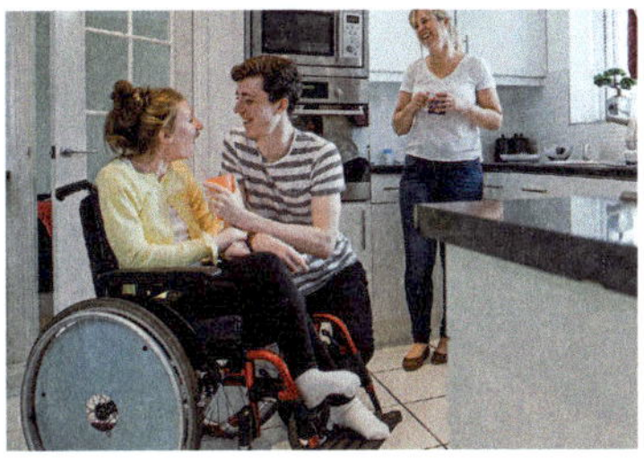

FSJ ist die Abkürzung für Freiwilliges Soziales Jahr. Wie der Name schon sagt, geht es darum, dass du in einer sozialen Einrichtung freiwillig mitarbeitest. Dies kann beispielsweise im Kindergarten, in der Altenhilfe, in einer Behinderteneinrichtung oder aber auch im Krankenhaus sein. Du kannst diesen Dienst sowohl im In- wie auch im Ausland absolvieren.

Voraussetzungen
Zur Teilnahme musst du mindestens 17 und höchstens 27 Jahre alt sein. Außerdem muss die Vollzeitschulpflicht abgeschlossen sein. Für die Teilnahme an einem FSJ musst du dich bewerben. Im Internet gibt es dafür den FSJ-Stellenfinder.

Die ***Vollzeitschulpflicht*** *wird durch den Besuch einer Grundschule und einer weiterführenden allgemeinbildenden Schule in neun oder zehn Schuljahren (je nach Bundesland) erfüllt. Jede bzw. jeder ist verpflichtet, über diesen Zeitraum eine Schule zu besuchen.*

Zeitliche Dauer eines FSJ
Das FSJ muss nicht genau ein Jahr dauern. Es kann über eine Dauer zwischen sechs und 18 Monaten durchgeführt werden. Viele Teilnehmende wollen sich allerdings tiefer in einem Bereich engagieren und arbeiten für zwölf Monate in dem Dienst. Damit du ein FSJ bescheinigt bekommen kannst, solltest du den Dienst für mindestens ein halbes Jahr ausüben.

Was macht man in einem FSJ?
Im FSJ geht es darum, die Fachkräfte in sozialen Einrichtungen oder Krankenhäusern in ihrer Arbeit zu unterstützen. So kann man beispielsweise in einem Pflegeheim die Bewohnerinnen und Bewohner durch Freizeitangebote aktivieren oder auch Fahrdienste übernehmen.

Leistungen, die du im FSJ erhältst
Während des FSJ erhältst du ein monatliches „Taschengeld" von aktuell 360 Euro. Ebenso bist du in dieser Zeit sozialversichert, das heißt, die Beiträge für deine Unfall-, Kranken-, Renten-, Pflege- und Arbeitslosenversicherung werden von der Einsatzstelle übernommen. Das FSJ wird bei bestimmten Ausbildungen und Studiengängen häufig im sozialen Bereich als (Vor-)Praktikum oder Anerkennungsjahr angerechnet. Viele Hochschulen und Universitäten erkennen das FSJ als Wartezeit für den Studienbeginn an. Während des FSJ besuchst du Seminare, welche die Entwicklung deiner Persönlichkeit unterstützen.

Für wen eignet sich das FSJ?
Das FSJ eignet sich besonders für Jugendliche, die soziale Arbeitsfelder kennenlernen möchten, um eventuell hier eine Ausbildung zu machen. Während der Zeit erhältst du tiefe Einblicke in die Einsatzfelder sozialer Berufe. Zudem steht die Weiterentwicklung deiner persönlichen Kompetenzen im Vordergrund, da du von den Menschen, denen du hilfst, oft eine Rückmeldung über deine Arbeit erhältst. Dies kann dir in deinem weiteren Berufsleben sehr nützlich sein.

1 Welche Vorteile eines FSJ findest du für dich interessant? Kannst du dir vorstellen, in einem sozialen Arbeitsfeld zu arbeiten?

2 Tausche dich mit einer Partnerin bzw. einem Partner über deine Einschätzungen aus.

Noch eine Alternative: das FÖJ

Ein Freiwilliges Ökologisches Jahr (FÖJ) bietet dir die Möglichkeit, dich für die Umwelt zu engagieren. Du kannst dein Wissen über ökologische Zusammenhänge erweitern, indem du in verschiedenen Unternehmen etwa zur Landschaftspflege oder im Bereich regenerativer Energien mitarbeitest. Du kannst diesen Dienst sowohl im In- wie auch im Ausland absolvieren.

Voraussetzungen

Um an einem FÖJ teilnehmen zu können, musst du mindestens 16 und höchstens 26 Jahre alt sein. Außerdem muss die Vollzeitschulpflicht abgeschlossen sein (siehe Seite 115). Für die Teilnahme an einem FÖJ musst du dich bewerben. Der Förderverein Ökologische Freiwilligendienste e.V. (FÖF e.V.) bietet über seine Internetseite mehr als 3.000 Stellen bundesweit an.

Zeitliche Dauer eines FÖJ

Das FÖJ muss nicht genau ein Jahr dauern. Es kann wie das FSJ für die Dauer von sechs bis 18 Monaten durchgeführt werden. Viele Teilnehmende entscheiden sich für zwölf Monate, um sich tiefer in das Thema einzuarbeiten. Für eine Bescheinigung des FÖJ solltest du den Dienst für mindestens ein halbes Jahr übernehmen.

Was macht man in einem FÖJ?

Im FÖJ arbeitest du in Unternehmen mit, die im Bereich Natur- und Umweltschutz, Umweltbildung, Pflanzen- und Tierpflege, Ökologische Landwirtschaft oder Nachhaltige Entwicklung tätig sind. Dies kann beispielsweise die Betreuung von Kleinkindern in einem Waldkindergarten sein, die Mithilfe in der Wald- und Forstarbeit oder die Arbeit in der ökologischen Landwirtschaft.

Leistungen, die du im FÖJ erhältst

Während des FÖJ erhältst du ebenso wie beim FSJ ein monatliches „Taschengeld“, das aktuell zwischen 184 und 360 Euro liegen kann. Oft werden auch Unterkunft und/oder Verpflegung gestellt. Auch bist du in dieser Zeit wie im FSJ sozialversichert. Wie im FSJ wird das FÖJ bei bestimmten Ausbildungen und Studiengängen häufig als (Vor-)Praktikum oder Anerkennungsjahr angerechnet. Das gilt auch für Hochschulen und Universitäten, die teilweise das FÖJ als Wartezeit für den Studienbeginn anerkennen. Während des FÖJ besuchst du ebenfalls Seminare, die deine Persönlichkeitsentwicklung und deine fachlichen Qualifizierungen unterstützen.

Für wen eignet sich das FÖJ?

Das FÖJ richtet sich an Jugendliche, die mehr über Umwelt- und Naturschutz erfahren und sich aktiv am Schutz und Erhalt der Umwelt beteiligen möchten. Da viele Berufe im Bereich der nachhaltigen Entwicklung entstehen, können die Erfahrungen aus einem FÖJ für die eigene berufliche Orientierung von großem Vorteil sein. So kannst du die Zeit zwischen Schule und Ausbildung bzw. Studium sinnvoll nutzen.

1 Welche Vorteile eines FÖJ findest du für dich interessant? Kannst du dir vorstellen, in einem ökologischen Arbeitsfeld mitzuarbeiten?

2 Tausche dich mit einer Partnerin bzw. einem Partner über deine Einschätzungen aus.

Schulische Ausbildungsgänge

Es gibt neben den dualen Ausbildungen auch rein schulische Ausbildungsgänge. Hierzu zählen etwa Pharmazeutisch-technische/r Assistent/in (PTA) oder Physiotherapeut/in.

Schulische Ausbildungsgänge
Eine schulische Ausbildung findet in der Regel an einer Berufsfachschule oder Fachakademie statt. Vor allem bei Berufen im Gesundheits- und Sozialbereich, aber auch im Bereich der Fremdsprachen oder Technik und IT sind schulische Ausbildungen möglich. Je nach Beruf kann die Ausbildungsdauer zwischen zwei und drei Jahren betragen. Bei manchen Schulen müssen Lehrgangsgebühren bezahlt werden. Bei anderen erhältst du eine Ausbildungsvergütung. Eventuell kannst du auch für eine schulische Ausbildung finanzielle Hilfen nach dem Bundesausbildungsförderungsgesetz (BAföG) erhalten. Informationen hierzu findest du unter www.bafög.de.

Für wen eignet sich eine schulische Ausbildung?
Die folgenden Kriterien können für die Entscheidung einer schulischen Ausbildung wichtig sein:
- In manchen schulischen Ausbildungsgängen wird ein Mindestalter vorausgesetzt.
- Je nach Beruf ist ein bestimmter Schulabschluss Voraussetzung.
- Ebenso sind die Noten in bestimmten Fächern oder ein bestimmter Notendurchschnitt für die Aufnahme in eine schulische Ausbildung wichtig.
- Deine Interessen und Fähigkeiten sollten zu der schulischen Ausbildung passen.

Wo findet die schulische Ausbildung statt?
In einer dualen Ausbildung wechseln sich Theorie- (Berufsschule) und Praxisanteile (Betrieb) ab. In der schulischen Ausbildung finden neben den Theorieanteilen auch praktische Inhalte in Laboren und Werkstätten der Schule statt. Außerdem hast du auch feste Zeiten in Praktika außerhalb der Schule zu absolvieren.

Du interessierst dich für eine schulische Ausbildung? In der Regionalschrift der Agentur für Arbeit findest du ein Kapitel speziell zu allen schulischen Ausbildungsgängen, die in deiner Region angeboten werden. Die Regionalschrift gibt es als Heft und digital im Internet.

1
a) Kennt ihr schulische Ausbildungsberufe? Sammelt diese.
b) Überprüft mithilfe des Internets, ob die gesammelten Berufe tatsächlich schulische Ausbildungsberufe sind.

2 Finde weitere schulische Ausbildungsberufe, die in deiner Region angeboten werden. Der Glühbirnenkasten hilft dir hier weiter.

Mit dem (Fach-)Abitur zum Studienberuf

Nach der Mittleren Reife kannst du über ein Fachabitur (Fachhochschulreife) oder Abitur (Allgemeine oder Fachgebundene Hochschulreife) ein Studium aufnehmen. Der Weg dorthin kann durch die Vielfalt der Bildungsgänge an den beruflichen Schulen sehr unterschiedlich sein.

Berufliche Schulen mit weiterführenden Bildungsgängen
Auf einer beruflichen Schule kannst du in verschiedenen Bildungsgängen einen höheren Bildungsabschluss erreichen.

Jamal: *„Ich will Maschinenbau studieren. Diesen Sommer werde ich meine Mittlere Reife abschließen. Da ich schon im Studium Geld verdienen möchte, plane ich ein Duales Studium. Dafür benötige ich das Fachabitur. Hierzu muss ich noch zwei weitere Jahre zur Schule gehen. Ich habe mich mit meinem Halbjahreszeugnis an einer Berufsfachschule in meiner Nähe beworben."*

Jessica: *„Ich will einmal Kinderärztin werden. Daher muss ich nach meiner Mittleren Reife ein berufliches Gymnasium besuchen und dort die Allgemeine Hochschulreife in drei weiteren Schuljahren ablegen. Dafür habe ich mich mit meinem Halbjahreszeugnis der 10. Klasse bei mehreren beruflichen Gymnasien beworben."*

Welche Voraussetzungen musst du beachten?
Die folgenden Kriterien sind für die Bewerbung an einer beruflichen Schule wichtig:
- Jede Schule hat eine Bewerbungsfrist, die du einhalten musst. In der Regel musst du dich mit dem Halbjahreszeugnis der Abgangsklasse bewerben.
- Du benötigst als Zugang einen bestimmten Notendurchschnitt. Die Schulen informieren hierzu auf ihrer Homepage.

Viele Schulen bieten einen Informationstag an, an dem sie über die benötigten Voraussetzungen informieren. Hier kannst du die Schule schon einmal kennenlernen.

Du interessierst dich für einen höheren Schulabschluss? In der Regionalschrift der Agentur für Arbeit findest du ein Kapitel speziell zu allen beruflichen Schulen, die in deiner Region vertreten sind. Die Regionalschrift gibt es als Heft und auch digital im Internet.

Über die Ausbildung zum (Fach-)Abitur
Du kannst bereits während deiner Ausbildung das (Fach-)Abitur erlangen. Hierzu gibt es an den beruflichen Schulen verschiedene ausbildungsbegleitende Angebote. Du kannst das (Fach-)Abitur aber auch nach deiner Ausbildung erlangen.

1 Welche Möglichkeiten habt ihr in eurem Bundesland, eine Fachhochschulreife oder die Allgemeine Hochschulreife zu erlangen? Findet hierzu mithilfe des Internets oder der Regionalschrift Antworten.

Mein Plan B: Welche Möglichkeiten kommen für mich infrage?

1 Trage bei den für dich infrage kommenden Möglichkeiten deine jeweiligen Wünsche ein.

duale Ausbildung

Berufswunsch: ______

alternativer Berufswunsch 1: ______

alternativer Berufswunsch 2: ______

Angebote (Unternehmen) in deiner Umgebung: ______

schulische Ausbildung

Berufswunsch: ______

alternativer Berufswunsch 1: ______

alternativer Berufswunsch 2: ______

Angebote (Schulen) in deiner Umgebung: ______

Freiwilliges Jahr

Welcher Schwerpunkt kommt für dich infrage? Kreuze an:

○ sozial → Bereich (Wo?): ______

○ ökologisch → Bereich (Wo?): ______

○ kulturell* → Bereich (Wo?): ______

○ Sport** → Bereich (Wo?): ______

Angebote (Träger / Einrichtungen) in deiner Umgebung: ______

Fachabitur

Welche Schule(n) kommt/en für dich infrage? Notiere dir die Homepage(s) der Schule(n):

______

Abitur

Welche Schule(n) kommt/en für dich infrage? Notiere dir die Homepage(s) der Schule(n):

______

weitere Möglichkeiten

Welche weitere(n) Möglichkeit(en) kommt/kommen für dich sonst noch infrage?

______

*, ** Informationen zu diesen beiden Schwerpunkten wirst du auf der Starkmacherseite (Seite 123 und 124) erarbeiten und kannst diese später nachtragen.

Hefte diese Seite in dein Portfoliokapitel „Über mich" ab. Trage sie zudem in dein Inhaltsverzeichnis ein: Mein Plan B: Welche Möglichkeiten kommen für mich infrage?

starkeSeiten: Check ✓

Kapitel 7: Arbeitsplätze erkunden

Kreuze in jedem Feld die entsprechende Anzahl der Smileys an.

Das ist mir/ihr/ihm sehr gut gelungen.	☺☺☺☺☺
Das ist mir/ihr/ihm gut gelungen.	☺☺☺☺
Das habe/hat ich/sie/er hinbekommen.	☺☺☺
Das hat mir/ihr/ihm Schwierigkeiten bereitet.	☺☺
Das ist mir/ihr/ihm nicht gelungen.	☺

Merke

- **Wenn du mindestens drei Smileys erreichst, kannst du dir im Kompetenzfeld einen Haken geben.** ✓

Schätze dich ehrlich ein. Kreuze an.

	Selbst-einschätzung:	Fremd-einschätzung:	Kompetenz-feld:
Ich kann einen „Plan B" für meine Berufswahl entwickeln und Alternativen zu meinem Wunschberuf suchen und finden.	☺☺☺☺☺	☺☺☺☺☺	○ 5D
Ich kenne weitere Unterstützungssysteme, die mir bei meiner Berufswahl helfen.	☺☺☺☺☺	☺☺☺☺☺	○ 2D
Ich habe Freiwilligendienste kennengelernt und weiß um ihre Aufgaben.	☺☺☺☺☺	☺☺☺☺☺	○ 5D
Ich kenne den Unterschied zwischen dualer und schulischer Ausbildung.	☺☺☺☺☺	☺☺☺☺☺	○ 5D
Ich kenne schulische Ausbildungsberufe.	☺☺☺☺☺	☺☺☺☺☺	○ 5D
Wenn du die Portfolioseite „Mein Plan B: Welche Möglichkeiten kommen für mich infrage?" und diese Seite ordentlich ausgefüllt und in deinen Portfolioordner eingeheftet hast, bekommst du zusätzlich einen Punkt.			○ 3A

Denke daran: Übertrage deine Checks in dein Gesamtkompetenzraster im Portfolio!

Hefte diese Seite in dein Portfoliokapitel „starkeSeiten: Check ✓" hinter die Seite „Kapitel 6: Betriebe finden" ab. Trage die Seite in das Inhaltsverzeichnis ein: Kapitel 7: Arbeitsplätze erkunden

Dein Trainingsplan

Kapitel 7: Arbeitsplätze erkunden

In diesem Kapitel hast du erfahren, welche Möglichkeiten du nach deinem Schulabschluss hast. Neben den bereits aufgezeigten Freiwilligen Diensten gibt es noch weitere Freiwillige Dienste, die für dich in Betracht kommen können.

Trainingsaufgabe: Einsatzfelder in Freiwilligen Diensten erkunden
Du siehst auf dieser und der nächsten Seite verschiedene Impressionen zu weiteren Einsatzfeldern in Freiwilligen Diensten.

1 Notiere zu den Diensten Informationen, die du im Internet oder in der Regionalschrift findest. Dies können sein: Tätigkeiten, Einsatzorte, Voraussetzungen, finanzielle Aspekte, Vorteile für deine spätere Berufswahl, Bewerbungssituation, …

2 Vergleicht eure Ergebnisse und ergänzt gegebenenfalls die Informationen.

Freiwillige Dienste im kulturellen Bereich:

Freiwillige Dienste im Sport:

Freiwilliger Wehrdienst:

Hefte diese Seite in dein Portfoliokapitel „Starkmacherseiten" hinter die Seite „Starkmacherseite Kapitel 6" ab. Trage sie zudem in das Inhaltsverzeichnis ein: Starkmacherseite Kapitel 7

Freiwilliger Dienst beim Technischen Hilfswerk:

Au-pair-Aufenthalt:

Freiwilliger Dienst bei der DLRG
(Deutsche Lebensrettungsgesellschaft):

Freiwilliger Dienst über den Internationalen Jugendfreiwilligendienst (IJFD) in der Entwicklungsarbeit:

Denke daran, dass du dich bereits im Freiwilligendienst oder einer anderen Überbrückungsmaßnahme rechtzeitig um deinen Anschluss kümmern musst. Das heißt, du musst auch hier die Bewerbungsfristen für eine duale Ausbildung oder eine schulische Ausbildung einhalten.

8

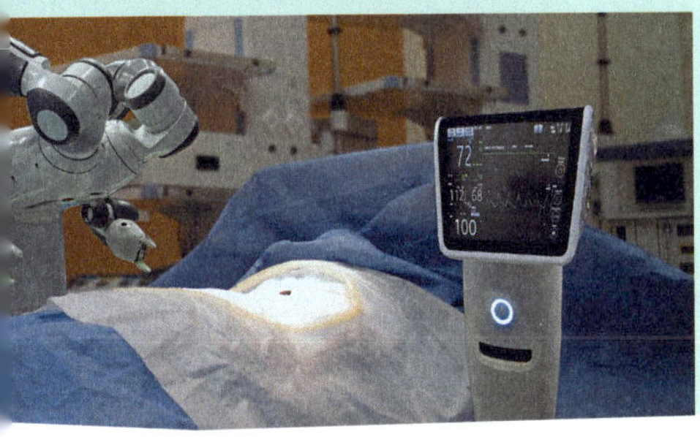

Veränderungen erkennen

Ich werde …

- berufliche Veränderungen beschreiben können.
- die Vor- und Nachteile neuer Arbeitsformen erklären können.
- lernen, mich in sozialen Netzwerken verantwortungsbewusst darzustellen.
- Kompetenzen, die in meinem zukünftigen Leben wichtig sein werden, beschreiben.

1 Schaut euch die Bilder oben auf der Seite an. Könnt ihr erkennen, um welche Branchen und/oder Berufsbilder es sich handelt?

2 Was fällt euch an den Bildern besonders auf?

3 Viele Menschen denken bei dem Wort „Automatisierung“ an den Verlust ihres Arbeitsplatzes. Was denkt ihr: Werden wir Menschen in Zukunft für die Arbeit nicht mehr gebraucht, weil Maschinen und Roboter unsere Aufgaben übernehmen werden? Oder verändern sich nur die Anforderungen an uns und unsere Kompetenzen?

„Bei unserer Ausbildung zum Elektroniker für Automatisierungstechnik müssen wir trotz aller computergesteuerten Maschinen immer noch viel von Hand machen. Dabei kommt es auf handwerkliches Geschick, logisches Denken und immer auch auf Teamfähigkeit an.“

Berufe verändern sich

Industrie 4.0, Digitalisierung und Automatisierung – das sind Begriffe, die du mit Sicherheit immer öfter hören wirst. Schon immer haben Menschen Dinge erfunden, die uns das Leben und die Arbeit leichter machen. Industrie 4.0 bedeutet, dass wir uns in der vierten Industriellen Revolution befinden. Viele Berufe, die es früher gab, finden wir heute so nicht mehr. Manche sind weggefallen, andere haben sich dem Wandel angepasst und verändert, wieder andere sind neu entstanden.

Arbeit bedeutet in dieser Zeit, den Lebensunterhalt in Form von Nahrung zu sichern. Die Menschen sind Jäger und Sammler, ziehen den Herden hinterher und richten ihren Lebensort auch nach den Jahreszeiten aus.

300 000–40 000 v. Chr.

Die Menschen werden sesshaft. Sie besitzen Nutztiere und Felder und legen sich Vorräte an. Noch einmal 10.000 Jahre später gibt es z. B. im alten Rom oder in Griechenland Menschen, die Arbeit für unwürdig halten und diese nun z. B. von Sklaven verrichten lassen.

10 000 v. Chr.

Im Mittelalter werden die Menschen anspruchsvoller. Handwerker spezialisieren sich auf bestimmte Produkte und kommen in Vereinigungen, den sogenannten Zünften, zusammen.

500–1500 n. Chr.

Für größere und kompliziertere Produkte kommen mehrere Handwerker zusammen. Im Laufe der Zeit entstehen die ersten Fabriken, auch „Manufakturen" (lat. „manus" = die Hand) genannt.

1600–1800 n. Chr.

Die Dampfmaschine wird erfunden und ermöglicht es nun, Produkte in großer Menge und viel schneller herzustellen. Gegen Ende des 19. Jahrhunderts sorgt nun auch elektrisches Licht dafür, dass Tag und Nacht gearbeitet werden kann. Durch die Erfindung der Eisenbahn ziehen immer mehr Menschen in die Städte – in der Hoffnung, in den Fabriken mehr Geld zu verdienen. Oft sind die Menschen ungelernte Arbeitskräfte und verdienen daher sehr wenig Geld.

1800–1900 n. Chr.

Mit dem technischen Fortschritt ergibt sich eine neue Form der Arbeit, die Fließbandarbeit: Menschen müssen nur noch wenige, dafür immer dieselben Handgriffe ausführen – eine sehr monotone Arbeitsweise unter damals schlechten Arbeitsbedingungen. Die Arbeiter waren von den Unternehmern abhängig.

1900–1990 n. Chr.

1 Schaut euch die Zeitleiste an. Was fällt euch an der Entwicklung auf?

2 Welchen Einfluss hatten die Entwicklungen auf die Arbeit der Menschen?

3 Telefon, Internet, Apps, Roboter: Für euch ist ein Leben mit diesen Hilfsmitteln normal. Hat die vierte Industrielle Revolution einen Einfluss darauf, was von euch in Zukunft erwartet wird? Oder benötigt ihr dieselben Kompetenzen wie eine Arbeiterin bzw. ein Arbeiter vor 100 Jahren oder früher?

Alternative Arbeitsformen oder „New Work“

Globalisierung, Digitalisierung und *Migration* beeinflussen immer schneller, wie Arbeit für uns aussieht. Mit dem Begriff „New Work“ wird ein neues Verständnis von Arbeit beschrieben. Für die Arbeitende bzw. den Arbeitenden geht es dabei nicht nur um zeitliche und räumliche *Flexibilität*, sondern auch darum, dass eine Tätigkeit Sinn macht. Weitere Werte sind Freiheit, Selbstständigkeit und Teilhabe an der Gemeinschaft. In der Praxis zeigen sich die neuen Arbeitsformen in Form von *Freelancing, Co-Working-Spaces* oder *Crowdworking*. Das kann dazu führen, dass man seine Arbeitskraft und sein Wissen immer projektweise unterschiedlichen Unternehmen zur Verfügung stellt und nicht bei einem Unternehmen fest angestellt ist. Zudem ist damit der Arbeitsort nicht mehr an den Unternehmensstandort gebunden, Aufgaben können von überall bearbeitet werden.

1 Kennt ihr die kursiv geschriebenen Begriffe? Recherchiert alle Begriffe und stellt sie euch gegenseitig vor.

Eine der bekanntesten neuen Arbeitsformen ist das Homeoffice. Digitale Geräte gehören heute selbstverständlich zu unserem privaten und beruflichen Leben. Viele Unternehmen statten ihre Mitarbeitenden mit digitalen Arbeitsgeräten aus. Teilweise erhalten bereits Auszubildende Tablets, um Aufgaben oder auch Prüfungsvorbereitungen digital durchzuführen. Dadurch ist es möglich, dass man in bestimmten Berufen von zu Hause aus arbeiten kann.

2 Überlege, welche Vor- und Nachteile die Arbeitsform Homeoffice bietet.

Vorteile	Nachteile

3 Für welche Berufe lässt sich Homeoffice nur schwer oder gar nicht umsetzen?

____

____

4 Wie wichtig sind euch die Vereinbarkeit von Familie/Freizeit und Beruf? Würdet ihr für eine neue Arbeitsform, die euch mehr Flexibilität bietet, unregelmäßige Arbeitszeiten in Kauf nehmen?

MK Soziale Medien nutzen, um sich selbst beruflich zu präsentieren

Mal ehrlich: Wer von euch sucht heute noch in der Zeitung nach Ausbildungsangeboten?

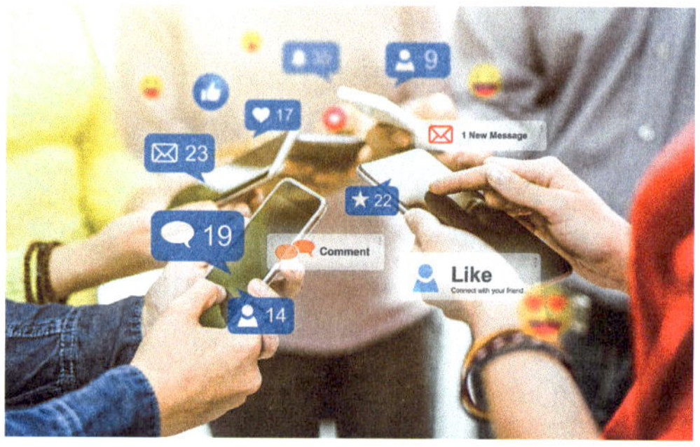

1 Kennst du neben einer Unternehmenshomepage auch soziale Medien, über die Unternehmen ihre Ausbildungsangebote präsentieren?

---

2 Vergleicht eure Sammlung und ergänzt eure Übersicht.

3 Welche der Angebote haltet ihr für ansprechend und wieso? Nutzt ihr einige dieser Angebote bereits?

Viele Unternehmen haben ihr Bewerbungs- und Auswahlverfahren umgestellt. Nicht nur die Bewerbungsunterlagen werden online verschickt, auch die Eignungstests und die Vorstellungsgespräche finden online statt, zum Beispiel über einen Videochat. Ein Vorteil dieser Methode ist, dass man keine Fahrtwege mehr einplanen muss und dadurch Zeit spart. Dennoch bieten soziale Netzwerke auch Fettnäpfchen, die man unbedingt vermeiden sollte.

4 Kreuze die Fettnäpfchen an, die du bei der Nutzung von sozialen Netzwerken unbedingt vermeiden solltest.

- ○ Partybilder
- ○ geistreiche und humorvolle Kommentare
- ○ aktuelle und seriöse Nachrichten (regional/international)
- ○ fragwürdige Meinungsäußerungen/Lästereien

In deiner Freizeit nutzt du viele soziale Netzwerke, um mit Freunden in Verbindung zu bleiben und Situationen aus deinem Leben oder auch deine Talente (mit) zu teilen.

5 Wie kannst du dich und deine Stärken sinnvoll im Internet präsentieren, um dich für Arbeitgeber interessant zu machen?

Nicht nur du kannst das Unternehmen und die ausgeschriebene Stelle sehen – anders herum bist auch du ***für jeden potenziellen Arbeitgeber im Internet sichtbar****. Vergewissere dich deswegen vorab, dass deine* ***privaten Kanäle*** *in sozialen Netzwerken in einem* ***einwandfreien Zustand*** *sind.*

Welche Kompetenzen werden in Zukunft von mir gefordert?

Veränderungen werden dich ein Leben lang begleiten. Die nächste große Veränderung in deinem Leben wird der Weg nach deinem Schulabschluss sein. Was wird dann von dir gefordert? Musst du dich „neu erfinden"?
Innovationen, also neue Erfindungen, passieren immer schneller. Das verändert auch unsere Arbeitswelt und die Anforderungen an uns. Jede Veränderung ist deswegen eine Chance, sich weiterzuentwickeln. Man spricht hier von „Lebenslangem Lernen".

1 Wie würdest du den Begriff „Lebenslanges Lernen" definieren? Was fällt dir zu diesem Begriff ein?

____

____

Als Kind sind wir mit einer natürlichen Neugierde ausgestattet und zeigen eine hohe Bereitschaft, uns äußeren Rahmenbedingungen anzupassen oder diese zu gestalten. Je älter wir werden, desto „bequemer" werden wir meistens. Wir befinden uns in einer Art „Komfortzone". Sich Veränderungen anzupassen, Neues zu lernen – darauf reagieren wir meistens nicht mehr mit der früheren kindlichen Begeisterung.
Um auf Veränderungen in deiner zukünftigen Arbeitswelt erfolgreich reagieren zu können, benötigst du verschiedene Kompetenzen:

Flexibilität	In der Arbeitswelt von morgen werden sich Bedingungen (z. B. Arbeitszeiten, Arbeitsorte und Geräte) immer schneller verändern. Darauf muss ich flexibel reagieren können.
Lern- und Fortbildungsbereitschaft	
analytische Fähigkeiten	Prozesse und Arbeitsergebnisse müssen selbstständig eingeschätzt und bewertet werden. Was sind die nächsten Schritte? Hier muss ich alleine oder im Team die richtige Entscheidung treffen.
Kommunikationsfähigkeit	

2 Finde für die beiden noch nicht erläuterten Kompetenzen eine eigene Erklärung und trage diese in die freien Zellen ein. Vergleiche deine Erklärungen mit der Klasse.

Hefte diese Seite in dein Portfoliokapitel „Über mich" ab. Trage sie zudem in das Inhaltsverzeichnis ein: Welche Kompetenzen werden in Zukunft von mir gefordert? / Welche Kompetenzen bringe ich schon mit?

Welche Kompetenzen bringe ich schon mit?

Die vier Kompetenzen von der Vorderseite benötigst du nicht erst in der Arbeitswelt von morgen. Bereits heute werden sie vielfach in deinem Alltag von dir gefordert. In welchen Situationen zeigst du sie?

1 Ergänze zu jeder Kompetenz das vorgegebene Beispiel. Schätze dich dann selbst ein.

Flexibilität:

Beispiel: Mein Zug fällt aus und ich reagiere flexibel, indem ich ______________________

____

Schätze dich ein und kreuze an: „Ich kann in Situationen flexibel reagieren."

0	1	2	3	4	5	6	7	8	9	10

trifft nicht zu — trifft voll zu

Lern- und Fortbildungsbereitschaft:

Beispiel: Ich mache in meiner Freizeit einen Computerkurs, um ______________________

____

Schätze dich ein und kreuze an: „Ich bin bereit, Neues zu lernen und mich fortzubilden."

0	1	2	3	4	5	6	7	8	9	10

trifft nicht zu — trifft voll zu

analytische Fähigkeiten:

Beispiel: Ich kann auf meinem Mobiltelefon keine Fotos mehr abspeichern. Ich löse das

Problem, indem ich ______________________________________

____

Schätze dich ein und kreuze an: „Ich kann selbstständig Problemlösungen finden."

0	1	2	3	4	5	6	7	8	9	10

trifft nicht zu — trifft voll zu

Kommunikationsfähigkeit:

Beispiel: Damit die anderen die Matheaufgabe verstehen, muss ich ______________________

____

Schätze dich ein und kreuze an: „Ich kann mich anderen Menschen gegenüber mitteilen."

0	1	2	3	4	5	6	7	8	9	10

trifft nicht zu — trifft voll zu

starkeSeiten: Check ✓

Kapitel 8: Veränderungen erkennen

Kreuze in jedem Feld die entsprechende Anzahl der Smileys an.

Das ist mir/ihr/ihm sehr gut gelungen.	☺☺☺☺☺
Das ist mir/ihr/ihm gut gelungen.	☺☺☺☺
Das habe/hat ich/sie/er hinbekommen.	☺☺☺
Das hat mir/ihr/ihm Schwierigkeiten bereitet.	☺☺
Das ist mir/ihr/ihm nicht gelungen.	☺

Merke

- **Wenn du mindestens drei Smileys erreichst, kannst du dir im Kompetenzfeld einen Haken geben.** ✓

Schätze dich ehrlich ein. Kreuze an.

	Selbsteinschätzung:	Fremdeinschätzung:	Kompetenzfeld:
Ich kann berufliche Veränderungen beschreiben.	☺☺☺☺☺	☺☺☺☺☺	○ 5B
Ich kann die Vor- und Nachteile neuer Arbeitsformen erklären.	☺☺☺☺☺	☺☺☺☺☺	○ 5C
Ich weiß, wie ich mich in sozialen Netzwerken verantwortungsbewusst darstellen kann.	☺☺☺☺☺	☺☺☺☺☺	○ 2E
Ich kann Kompetenzen, die in meinem zukünftigen Leben wichtig sein werden, beschreiben.	☺☺☺☺☺	☺☺☺☺☺	○ 5B
Wenn du die Portfolioseiten „Welche Kompetenzen werden in Zukunft von mir gefordert?“, „Welche Kompetenzen bringe ich schon mit?“ und diese Seite ordentlich ausgefüllt und in deinen Portfolioordner eingeheftet hast, bekommst du zusätzlich einen Punkt.			○ 3A

Denke daran: Übertrage deine Checks in dein Gesamtkompetenzraster im Portfolio!

Hefte diese Seite in dein Portfoliokapitel „starkeSeiten: Check ✓“ hinter die Seite „Kapitel 7: Arbeitsplätze erkunden“ ab. Trage die Seite in das Inhaltsverzeichnis ein: Kapitel 8: Veränderungen erkennen

Dein Trainingsplan

Kapitel 8: Veränderungen erkennen

In diesem Kapitel hast du Veränderungen in der Arbeitswelt in verschiedenen Berufen kennengelernt. Durch die zunehmende Digitalisierung sowohl der Berufswelt als auch unseres Privatlebens wird es immer schwieriger, diese beiden Welten zu trennen. Vielleicht gibt es auch in deiner Umgebung immer mehr Menschen, die von zu Hause aus an einem Computer arbeiten. Der private Bereich wird zeitweise zum Büro.

Trainingsaufgabe: Jobs are changing
Gibt es in deinem Lebensumfeld Menschen, deren Berufe sich gerade verändern oder die sich in den letzten Jahren verändert haben? Mit dieser Trainingsaufgabe sollst du hier auf Spurensuche gehen.

1 Befrage Menschen aus deinem direkten Umfeld, ob sich ihre Berufe in den letzten Jahren verändert haben. Suche dir einen Beruf heraus, dessen Veränderungen du besonders interessant findest, und befrage die Person, welche ihn ausübt. Folgende Fragen können dir dabei helfen:

Um diesen Beruf geht es: ______________________________

Was verändert sich gerade oder welche Veränderungen gab es in den letzten Jahren?

____

____

____

Welche Herausforderungen bringen oder brachten diese Veränderungen mit sich?

____

____

____

Wie können oder konnten diese Herausforderungen gemeistert werden?

____

____

____

2 Vergleicht eure Ergebnisse und tauscht euch darüber aus.

Hefte diese Seite in dein Portfoliokapitel „Starkmacherseiten" hinter die Seite „Starkmacherseite Kapitel 7" ab. Trage sie zudem in das Inhaltsverzeichnis ein: Starkmacherseite Kapitel 8

9

Zukunft planen

Ich werde ...

- verschiedene Berufsbiografien untersuchen.
- verschiedene Rollen in unterschiedlichen Lebensphasen kennenlernen.
- Kompetenzen den verschiedenen Rollen zuordnen.

1 Welche weiteren Gedanken könnten die Schülerinnen und Schüler oben auf dem Bild zum Thema „Meine Zukunft" haben? Sammelt eure Ideen.

2 Ist es gut, möglichst hoch auf der Karriereleiter zu klettern? Sammelt Argumente dafür und dagegen.

3 Was ist dir in deinem späteren Beruf wichtig? Tausche dich mit einer Partnerin bzw. einem Partner aus.

Auf der Karriereleiter immer weiter voranzukommen, kann ein gutes Ziel sein. Der Weg sollte aber zu deinen Zukunftsvorstellungen passen.
Finn meint: „Ich möchte einen guten Job, aber auch genügend Zeit für meine Freunde haben!"

Unterschiedliche Berufsbiografien

Du hast Aileen, Stephan, Maureen und Mircan bereits auf Seite 52 kennengelernt. Gehe noch einmal zurück auf diese Seite und schau nach, was für Vorstellungen die vier vor ca. einem halben Jahr hatten. Hier schauen wir in ihre Zukunft. Spannend, wie Berufsbiografien sich unterscheiden …

 Aileen	 Stephan	 Maureen	 Mircan
Nach dem Schulabschluss			
Ich mache jetzt ein Freiwilliges Soziales Jahr im Krankenhaus. Zum Glück hat das mit der Bewerbung noch geklappt.	Ich wusste schnell, dass ich Erzieher werden möchte, und habe mich deswegen früh beworben. Ich war der Erste in meiner Klasse mit einem Ausbildungsplatz!	Das mit Elektronik war nichts für mich. Dann habe ich bei einem Maler geschnuppert – das war mein Ding! Ich habe mit dem Meister geredet und einen Ausbildungsplatz bekommen.	Mein Fleiß hat sich echt gelohnt. Ich habe einen Platz bei einem Beruflichen Gymnasium bekommen. Nun heißt es richtig durchstarten – ich will auf jeden Fall das Abitur machen!
Nach drei Jahren			
Ich bin gerade mit dem zweiten Ausbildungsjahr als Pflegefachfrau fertig. Das Freiwillige Soziale Jahr hat mir echt weitergeholfen.	Ich bin bald mit meiner Ausbildung zum Erzieher fertig und habe mich bei verschiedenen Kindergärten beworben.	Ich habe nach einem Jahr die Ausbildung zur Malerin und Lackiererin abgebrochen. Jetzt mache ich eine Ausbildung zur Verwaltungsfachangestellten.	Es hat sich gelohnt! Mit dem Abitur in der Tasche habe ich mich bei der Hochschule für einen Studienplatz als Informatiker beworben und bin tatsächlich genommen worden.
Nach acht Jahren			
Ich arbeite als Pflegefachfrau und habe abwechselnd Tag- und Nachtschicht. Mein Freund arbeitet auch hier im Krankenhaus. Seit drei Monaten wohnen wir zusammen in einer kleinen Wohnung. Für meinen Sport habe ich zum Glück noch genügend Zeit und auch als Trainerin bin ich noch aktiv. Das ist mir sehr wichtig!	Ich habe mich berufsbegleitend weiterqualifiziert und bin seit einem Jahr stellvertretender Leiter eines Kindergartens. Ich wohne bei meinen Eltern, da kann ich richtig viel Geld sparen. In zwei Jahren möchte ich mir eine Eigentumswohnung kaufen.	Kurz vor der Prüfung zur Verwaltungsfachangestellten wurde ich schwanger. Ich habe die Prüfung aber noch durchgezogen und mich dann die ersten zwei Jahre um meinen Sohn gekümmert. Mittlerweile arbeite ich in Teilzeit bei der Stadtverwaltung. Mein Mann arbeitet Vollzeit. Wir haben eine Vierzimmerwohnung. Uns geht es gut und unser Sohn macht uns große Freude.	Mein Studium habe ich abgeschlossen. Ich habe länger gebraucht, weil ich nebenher jobben musste, um ein Zimmer im Wohnheim zu bezahlen. Zum Glück haben mich auch meine Eltern finanziell unterstützt. Seit letztem Jahr arbeite ich als Informatiker bei einer großen Firma. Ich verdiene ziemlich gut, habe aber kaum Freizeit – das nervt manchmal.

1 Untersuche die vier Berufsbiografien. Schreibe auf, was dir auffällt.

Unterschiedliche Berufsbiografien: Rollen verändern sich

Hättest du bei den vier Jugendlichen die Zukunft voraussagen können? Im Leben entscheiden viele Faktoren darüber, in welche Richtung wir uns entwickeln. Manchmal verändern auch unvorhersehbare Ereignisse wie z. B. eine Schwangerschaft den geplanten Lebensweg. Mit allen Veränderungsprozessen verändern sich auch die Rollen, die wir uns manchmal selbst aussuchen oder die wir in unserer Gesellschaft zu erfüllen haben. In der folgenden Tabelle siehst du noch einmal die Entwicklungen aller vier Jugendlichen – mit dem Unterschied, dass dieses Mal ihre Rollen, die sie jeweils einnehmen, im Mittelpunkt stehen.

1 Aileens Rollen sind bereits als Beispiel beschrieben. Versuche die verschiedenen Rollen von Stephan, Maureen und Mircan ebenso anhand der letzten Seite zu beschreiben.

Aileen	Stephan	Maureen	Mircan
Nach dem Schulabschluss			
Meine Rolle: *Praktikantin* Weitere Rollen: *keine beschrieben*	Meine Rolle: ____ ____ Weitere Rollen: ____	Meine Rolle: ____ ____ Weitere Rollen: ____	Meine Rolle: ____ ____ Weitere Rollen: ____
Nach drei Jahren			
Meine Rolle: *Auszubildende im zweiten Ausbildungsjahr zur Pflegefachfrau* Weitere Rollen: *keine beschrieben*	Meine Rolle: ____ ____ Weitere Rollen: ____	Meine Rolle: ____ ____ Weitere Rollen: ____	Meine Rolle: ____ ____ Weitere Rollen: ____
Nach acht Jahren			
Meine Rolle: *Pflegefachfrau* Weitere Rollen: *Trainerin einer Sportmannschaft*	Meine Rolle: ____ ____ Weitere Rollen: ____	Meine Rolle: ____ ____ Weitere Rollen: ____	Meine Rolle: ____ ____ Weitere Rollen: ____

Veränderte Rollen benötigen unterschiedliche Kompetenzen

Durch die veränderten Rollen benötigen Aileen, Stephan, Maureen und Mircan verschiedene Kompetenzen, die sie sich immer wieder neu aneignen müssen. Hier siehst du am Beispiel von Aileen, welche Kompetenzen sie sich in der jeweiligen Rolle aneignen musste.

Aileens Rolle als ...

Praktikantin	Auszubildende	Pflegefachfrau
Sie benötigt folgende Kompetenzen: – **personale und soziale Kompetenzen:** *Leistungsbereitschaft, Aufnahmebereitschaft, Flexibilität, Zuverlässigkeit* – **fachliche Kompetenzen:** *sprachliche Ausdruckskraft*	Sie benötigt folgende Kompetenzen: – **personale und soziale Kompetenzen:** *Leistungsbereitschaft, Aufnahmebereitschaft, Ausdauer, Teamfähigkeit* – **fachliche Kompetenzen:** *Fachwissen lernen und anwenden*	Sie benötigt folgende Kompetenzen: – **personale und soziale Kompetenzen:** *Selbstständigkeit, Verantwortungsbewusstsein, strukturiertes Arbeiten* – **fachliche Kompetenzen:** *Fachwissen anwenden, aktuelle Kenntnisse über Krankheiten*

1 Welche unterschiedlichen Kompetenzen benötigen die anderen auf ihrem Weg? Suche dir eine der Personen aus. Beschreibe für jede Rolle jeweils zwei Kompetenzen, die sie benötigt.

_______________ Rolle als ...

Sie/Er benötigt folgende Kompetenzen: – **personale und soziale Kompetenzen:** _______________ _______________ – **fachliche Kompetenzen:** _______________ _______________	Sie/Er benötigt folgende Kompetenzen: – **personale und soziale Kompetenzen:** _______________ _______________ – **fachliche Kompetenzen:** _______________ _______________	Sie/Er benötigt folgende Kompetenzen: – **personale und soziale Kompetenzen:** _______________ _______________ – **fachliche Kompetenzen:** _______________ _______________

2 In welcher Rolle der von dir gewählten Person verändern sich die Kompetenzen am meisten? Tausche dich hierüber mit einer Partnerin bzw. einem Partner aus.

future skills – welche Fähigkeiten wir morgen benötigen

Auf Seite 126: „Berufe verändern sich“ wird deutlich, welchen Einfluss Technologieentwicklungen auf unsere Geschichte und das Berufsleben der Menschen haben. In immer kürzeren Abschnitten verändern sich die Arbeitsbedingungen in der Arbeitswelt. Heute werden diese Entwicklungen durch digitale Technologien und internetbasierte Anwendungen geprägt, die in fast allen Branchen und Berufen immer wichtiger werden.

Als future skills werden die Kompetenzen, Fähigkeiten und Eigenschaften bezeichnet, welche in den nächsten Jahren für das Berufsleben oder für das Leben in unserer Gesellschaft wichtig werden.

Wie sich Branchen verändern
Wenn sich Bedingungen und Anforderungen in Branchen verändern, bedeutet dies immer, dass sich auch die Berufe, die hier ausgeübt werden, verändern. An den drei folgenden Beispielen siehst du, wie sich diese Veränderungen in ganz unterschiedlichen Bereichen auswirken.

Metall- und Elektroindustrie
Der Beruf Kraftfahrzeugmechatroniker/in entstand im Jahr 2003 aus den Berufen Kfz-Mechaniker/in, Kfz-Elektriker/in und Automobilmechaniker/in. Mit diesem neuen Beruf reagierte man auf die veränderten Anforderungen im Kraftfahrzeugtechnikerhandwerk, da z. B. die rein mechanischen Fähigkeiten der/des Kfz-Mechanikers/in bei einer Autoreparatur nicht mehr ausreichten. Der Grund lag hier in den zunehmend elektronischen Komponenten, die repariert oder ersetzt werden mussten. Die Anforderungen und damit die Fähigkeiten, um diesen Beruf ausüben zu können, hatten sich verändert. Nun mussten neue Fähigkeiten gelernt werden. Heute verfügt ein Auto über viele digitale Technologien mit internetbasierten Anwendungen, was wiederum eine Weiterentwicklung dieses Berufes bedeutet. Im neuen Berufsbild der/des Operativen Instandhalters/in werden IT-spezifische Kenntnisse die bisherigen beruflichen Kompetenzen ergänzen. Diese werden z. B. Softwarekenntnisse, Netzwerktechnik und Robotik sein.

Handel
Immer mehr Kunden kaufen ihre Waren und Dienstleistungen, wie z. B. das Abschließen einer Versicherung, im Internet ein. Hierdurch ist ein neuer Markt, der sogenannte Onlinehandel, entstanden. Das bisherige Berufsbild der/des Kauffrau/Kaufmanns reichte für die Fähigkeiten und Anforderungen, welche diese neuen Technologien mit sich bringen, nicht mehr aus.
Deshalb wurde 2018 das neue Berufsbild der/des Kauffrau/Kaufmanns im E-Commerce geschaffen. Hier stehen die Fähigkeiten und Anforderungen um die Bereiche Produktdarstellungen, Vertriebskanäle, Markenschutz, Social Media und Onlinemarketing im Vordergrund.

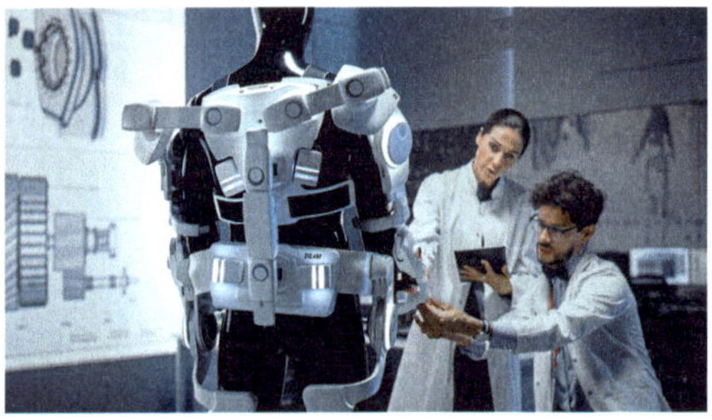

Gesundheitswesen
Im Gesundheitswesen dreht sich alles um die Gesundheit der Menschen. Oft ist die Arbeit am Menschen in der Pflege oder bei der Bereitstellung von medizinischen Hilfsmitteln wie Implantate und Prothesen körperlich anstrengend, sehr zeitintensiv und damit teuer. In einer immer älter werdenden Gesellschaft benötigen wir immer mehr Arbeitskräfte, welche sich um die Bedürfnisse von älteren Menschen kümmern können. Gerade hier bieten digitale Technologien und internetbasierte Anwendungen Lösungen für diese Herausforderungen. So können Exoskelette Pflegekräfte bei körperlich anstrengenden Pflegearbeiten entlasten. Roboter können in Zukunft Pflegerinnen und Pfleger bei der Arbeit mit Patienten unterstützen.

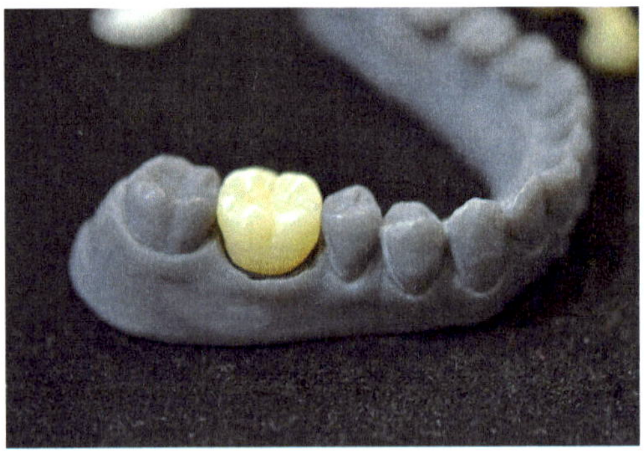

Gesundheitsdaten über unseren Kreislauf oder das Herz können direkt über Smartwatches an Hausärztinnen bzw. Hausärzte übertragen werden und bei einer Erkrankung frühzeitig vorwarnen. Prothesen und Implantate werden schon heute auf 3-D-Druckern schnell und kostengünstig hergestellt. Jedes Teil passt hier genau auf das Körperteil, das es ergänzen oder ersetzen muss.

In Planung ist hier der Beruf der Fachkraft für digitale Gesundheit. Nach den Vorstellungen soll dies ein patientennaher Beruf sein, der unmittelbar einzelne Patienten betreuen und für diese nach geeigneten Wegen zur bestmöglichen Versorgung suchen soll. Die Fachkraft soll dabei Hilfe und Routineversorgung wie eine Pflegefachkraft vor Ort leisten und bei Bedarf auf digitale Technologien zurückgreifen, an die sie die Patienten heranführt.

In allen drei Beispielen wurden verschiedene future skills von neuen Berufen beschrieben. Doch welche Voraussetzungen benötigen die Menschen, um diese Kompetenzen erlernen zu können? Hier ein Beispiel aus dem Beruf der Fachkraft für digitale Gesundheit:

future skill	**Voraussetzungen**
ältere Menschen an digitale Technologien heranführen	• sich sprachlich gut ausdrücken können • mit anderen Menschen gerne kommunizieren • Kenntnisse über digitale Technologien und deren Anwendungen

1 Überlegt euch in der Klasse für weitere future skills aus den vorgestellten Berufen Voraussetzungen, welche man hierzu mitbringen sollte. Legt dazu eine Tabelle nach dem hier vorgegebenen Muster an und füllt sie mit euren Ideen.

starkeSeiten: Check ✓

Kapitel 9: Zukunft planen

Kreuze in jedem Feld die entsprechende Anzahl der Smileys an.

Das ist mir/ihr/ihm sehr gut gelungen.	☺☺☺☺☺
Das ist mir/ihr/ihm gut gelungen.	☺☺☺☺
Das habe/hat ich/sie/er hinbekommen.	☺☺☺
Das hat mir/ihr/ihm Schwierigkeiten bereitet.	☺☺
Das ist mir/ihr/ihm nicht gelungen.	☺

Merke

- **Wenn du mindestens drei Smileys erreichst, kannst du dir im Kompetenzfeld einen Haken geben.** ✓

Schätze dich ehrlich ein. Kreuze an.

	Selbsteinschätzung:	Fremdeinschätzung:	Kompetenzfeld:
Ich kann verschiedene Berufsbiografien untersuchen.	☺☺☺☺☺	☺☺☺☺☺	○ 5D
Ich kenne verschiedene Rollen in unterschiedlichen Lebensphasen.	☺☺☺☺☺	☺☺☺☺☺	○ 5B
Ich kann Kompetenzen den verschiedenen Rollen zuordnen.	☺☺☺☺☺	☺☺☺☺☺	○ 5C
Ich habe mich mit *future skills* auseinandergesetzt und weiß, welche Voraussetzungen man für verschiedene Berufe mitbringen muss.	☺☺☺☺☺	☺☺☺☺☺	○ 5C
Wenn du diese Seite ordentlich ausgefüllt und in deinen Portfolioordner eingeheftet hast, bekommst du zusätzlich einen Punkt.			○ 3A

Denke daran: Übertrage deine Checks in dein Gesamtkompetenzraster im Portfolio!

Hefte diese Seite in dein Portfoliokapitel „starkeSeiten: Check ✓" hinter die Seite „Kapitel 8: Veränderungen erkennen" ab. Trage die Seite in das Inhaltsverzeichnis ein: Kapitel 9: Zukunft planen

Dein Trainingsplan

Kapitel 9: Zukunft planen

In diesem Kapitel hast du die sich verändernden Rollen und die damit zusammenhängenden Kompetenzen als veränderliche Größen kennen- und einschätzen gelernt. Welche Rollen werden sich in deiner Zukunft ergeben? Welche Kompetenzen wirst du dir dafür aneignen müssen?

Trainingsaufgabe: *Life is changing*

Du siehst auf dieser Seite einen Zeitstrahl abgebildet. Hier ist es möglich, verschiedene Ereignisse in einer zeitlichen Abfolge abzubilden. Stell dir deine berufliche Zukunft vor: Welche Ereignisse könnten nach deinem Schulabschluss, in drei oder in acht Jahren bei dir eintreten? Du darfst bei deinem Blick in deine Zukunft optimistisch sein und Ziele wählen, die du gerne beruflich erreichen würdest. Allerdings ist es auch wichtig, diese so auszuwählen, dass sie realistisch für dich erreichbar sind.

1 Trage in den Zeitstrahl zu jedem Ereignispunkt ein berufliches Ziel ein.

Mein Ziel

Meine Rolle: ______________

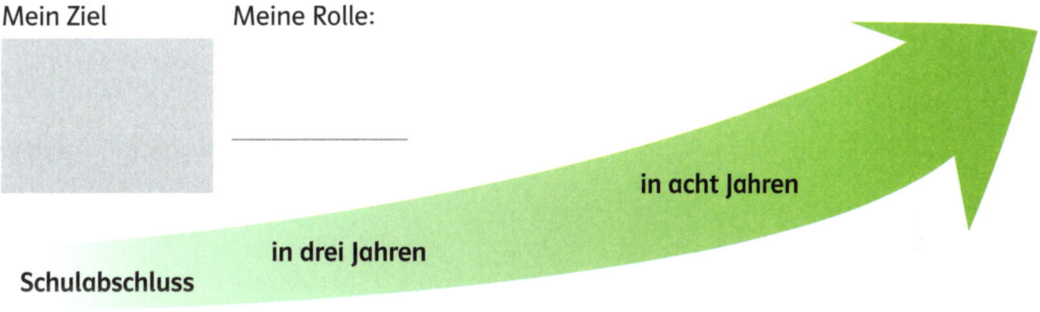

Mein Ziel

Meine Rolle: ______________

Mein Ziel

Meine Rolle: ______________

2 Welche Rolle wirst du bei welchem Ereignispunkt haben?

____

____

Hefte diese Seite in dein Portfoliokapitel „Starkmacherseiten“ hinter die Seite „Starkmacherseite Kapitel 8“ ab. Trage sie zudem in das Inhaltsverzeichnis ein: Starkmacherseite Kapitel 9

Welche Kompetenzen werde ich benötigen?

Damit du deine zukünftigen Rollen stark ausfüllen kannst, benötigst du personale, soziale und fachliche Kompetenzen. Hier ist dein zukünftiger Werkzeugkasten. Überlege dir, welche Kompetenzen du brauchen wirst, so wie du dies bereits in den vorangegangenen Beispielen kennen- und üben gelernt hast.

3 Übertrage zunächst deine Rollen von der letzten Seite in die folgende Grafik.

4 Trage nun für jede Rolle mindestens zwei unterschiedliche Kompetenzen ein.

Für meine Rolle als …

… benötigte ich folgende Kompetenzen: **– personale und soziale Kompetenzen:** ________ ________ **– fachliche Kompetenzen:** ________ ________	… benötigte ich folgende Kompetenzen: **– personale und soziale Kompetenzen:** ________ ________ **– fachliche Kompetenzen:** ________ ________	… benötigte ich folgende Kompetenzen: **– personale und soziale Kompetenzen:** ________ ________ **– fachliche Kompetenzen:** ________ ________

5 Überlege dir für jeweils zwei Kompetenzen aus den verschiedenen Rollen, wie du diese erreichen könntest:

Kompetenz ______________________________

Diese könnte ich mit folgender Unterstützung erreichen:

____

Kompetenz ______________________________

Diese könnte ich mit folgender Unterstützung erreichen:

____

6 Tausche dich mit einer Partnerin bzw. einem Partner über eure Ergebnisse aus.